A Cultura da Física:
Contribuições em homenagem a

Amelia Imperio Hamburger

Conselho Editorial da Editora Livraria da Física

Amílcar Pinto Martins – Universidade Aberta de Portugal

Arthur Belford Powell – Rutgers University, Newark, USA

Carlos Aldemir Farias da Silva – Universidade Federal do Pará

Emmánuel Lizcano Fernandes – UNED, Madri

Iran Abreu Mendes – Universidade Federal do Pará

José D'Assunção Barros – Universidade Federal Rural do Rio de Janeiro

Luis Radford – Universidade Laurentienne, Canadá

Manoel de Campos Almeida – Pontifícia Universidade Católica do Paraná

Maria Aparecida Viggiani Bicudo – Universidade Estadual Paulista - UNESP/Rio Claro

Maria da Conceição Xavier de Almeida – Universidade Federal do Rio Grande do Norte

Maria do Socorro de Sousa – Universidade Federal do Ceará

Maria Luisa Oliveras – Universidade de Granada, Espanha

Maria Marly de Oliveira – Universidade Federal Rural de Pernambuco

Raquel Gonçalves-Maia – Universidade de Lisboa

Teresa Vergani – Universidade Aberta de Portugal

A Cultura da Física:
Contribuições em homenagem a

Amelia Imperio Hamburger

Antônio Augusto P. Videira
Silvio R. A. Salinas
(Organizadores)

2022

Copyright © 2023 Os organizadores
1ª Edição

Direção editorial: José Roberto Marinho

Capa: Fabrício Ribeiro
Projeto gráfico e diagramação: Carlos André Mores
Revisão: Silvio Salinas

Edição revisada segundo o Novo Acordo Ortográfico da Língua Portuguesa

Dados Internacionais de Catalogação na publicação (CIP)
(Câmara Brasileira do Livro, SP, Brasil)

A cultura da física: contribuições em homenagem a Amelia Imperio Hamburger / Antônio Augusto P. Videira, Silvio R. A. Salinas (Organizadores) – 1. ed. – São Paulo: Livraria da Física, 2023.

Vários autores.
ISBN 978-65-5563-301-6

1. Física - Estudo e ensino I. Martins, Rafael Castelo Guedes. II. Silva, Jusciane da Costa e. III. Barbosa, Geovani Ferreira. IV. Rebouças, Gustavo de Oliveira Gurgel.

22-120794 CDD-530.7

Índices para catálogo sistemático:
1. Física: Estudo e ensino 530.7

Aline Graziele Benitez - Bibliotecária - CRB-1/3129

Todos os direitos reservados. Nenhuma parte desta obra poderá ser reproduzida sejam quais forem os meios empregados sem a permissão da Editora. Aos infratores aplicam-se as sanções previstas nos artigos 102, 104, 106 e 107 da Lei Nº 9.610, de 19 de fevereiro de 1998

Editora Livraria da Física
www.livrariadafisica.com.br

Conteúdo

1. Introdução
Silvio R. A. Salinas e Antonio Augusto P. Videira 5

2. Convergências
Ana Maria A. Carvalho 7

3. Paraconsistência e racionalidade
Newton C. A. da Costa e Otávio Bueno 15

4. Amelia Imperio Hamburger: pensar com o coração
Maria Lucia Caira Gitahy 31

5. L'unification des forces en physique: les premières tentatives
J. Leite Lopes 35

6. A probabilidade no início das pesquisas de Boltzmann sobre a segunda lei da termodinâmica
Katya Margareth Aurani 41

7. Paul Langevin e a interpretação da física dos quanta
Olival Freire Jr. 51

8. Miguel, Paul, Henri et les autres
Patrick Petitjean 59

9. Créer, répresenter, comprendre. Création artistique et création scientifique
Michel Paty 95

10. Um episódio brasileiro na física (anos 40): os pioneiros e a "escola de física"
Penha Maria Cardoso Dias 109

11. O longo caminho para um mundo livre de armas atômicas
F. de Souza Barros e L. Pinguelli Rosa 123

12. **Pequena história da física dos relógios-de-água**
Ricardo Ferreira 133

13. **Trinta anos da SBF - notas para uma história da Sociedade Brasileira de Física**
Silvio R. A. Salinas 139

14. **Praxis e logos - os dilemas atuais da C&T**
Shozo Motoyama 151

15. **Dando a mão à palmatória: um ensino de ciência relevante para todos (repensando um currículo para a alfabetização científica)**
Suzana de Souza Barros 157

16. **Boltzmann and the Luebeck meeting of 1895: Atomism, energetism, and physical theory**
Antonio Augusto P. Videira e Antonio Luciano L. Videira 163

17. **Memória, mulher e física**
Miriam Lifchitz Moreira Leite, Maria Amélia Mascarenhas Dantes, Walkiria Fucilli Chassot e Caio F. Chassot (imagens) 175

Introdução

Há mais de três anos convidamos alguns amigos de Amelia Imperio Hamburger para escrever uma contribuição que faria parte de um texto comemorativo dos seus sessenta e cinco anos. O tempo passou, a publicação foi sendo adiada, mas finalmente estamos conseguindo produzir uma edição pela Livraria da Física.

Amelia foi aluna, pesquisadora e depois docente do Departamento de Física da antiga Faculdade de Filosofia, Ciências e Letras da Universidade de São Paulo, absorvendo o espírito crítico, a abrangência de interesses e a generosidade dos fundadores da física contemporânea no Brasil. É uma herdeira direta da tradição acadêmica da física dos anos cinqüenta.

Pode-se apreciar a importância da Amelia pelos gestos, atitudes e iniciativas que tomou durante a sua carreira. Amelia nunca deixou de contribuir para que os seus alunos e colaboradores encontrassem um ambiente de estímulo e condições dignas de trabalho.

Os resultados acadêmicos têm pouca valia se não são obtidos com prazer e satisfação. Dedicar-se à produção de conhecimento não é uma mera opção profissional. Amelia nos ensina que é também uma opção existencial, pois a ciência e o conhecimento são fontes seguras de felicidade.

Com a sua presença, Amelia é uma pessoa que enriquece o nosso ambiente. Ela nos lembra dos compromissos assumidos, das obrigações contraídas, e dos sentimentos envolvidos. Ela nos recorda que os nossos esforços nos ligam a outros homens e mulheres, a outros tempos e lugares. A procura do conhecimento é alimentada por aqueles que vieram antes e alimenta aqueles que vão nos seguir.

Amelia nos ensina que vale a pena lutar por aquilo em que acreditamos. Amelia sempre viveu na luta universitária. Sua teimosia e perseverança são impressionantes. A universidade não pode ficar restrita às divisões burocráticas e administrativas que diminuem e empobrecem as suas potencialidades. A universidade é o local da pluralidade, da crítica, do diálogo, e da própria insatisfação. Para explicar a importância da Amelia, torna-se necessário adotar uma perspectiva que, infelizmente, tem sido pouco valorizada nos nossos dias.

Alguns amigos da Amelia estão incluindo contribuições originais relacionadas às suas próprias linhas de trabalho: José Leite Lopes escreve sobre as primeiras tentativas de unificação das forças da natureza, Newton C.A. da Costa sobre paraconsistência e racionalidade, Michel Paty sobre paralelismos entre a criação artística e a criação científica, Patrick Petitjean sobre episódios da colaboração entre cientistas brasileiros e franceses (Paul Rivet chegou a ser excluído da Academia Brasileira de Ciências), Ricardo Ferreira sobre a história da física dos relógios-de-água, Suzana de Souza Barros sobre um tema de ensino de ciências, Antonio Augusto e Antonio Luciano Leite Videira sobre o papel de Boltzmann no debate entre atomistas e energeticistas. Há também artigos de antigos alunos ou colaboradores de Amelia. No rol dos colaboradores, estão incluídos Ana Maria A. de Carvalho, escrevendo sobre trabalhos conjuntos que utilizam o conceito de tempo numa experiência de psicologia do desenvolvimento, Penha Maria Cardoso Dias, sobre a montagem de uma exposição comemorativa da experiência dos chuveiros penetrantes, realizada em São Paulo na década de quarenta, e Miriam Lifshitz Moreira Leite, Maria Amélia Mascarenhas Dantes, Walkiria Fucilli e Caio Chassot, com um conjunto de reminiscências sobre a trajetória de Sonja Ashauer, aluna de Wataghin que trabalhou em Cambridge sob a supervisão de Paul Dirac. Entre os antigos alunos, há trabalhos de Olival Freire Jr., sobre Paul Langevin e a interpretação da física dos quanta, Katya Margareth Aurani, sobre o conceito de probabilidade nos trabalhos iniciais de Ludwig Boltzmann. Também estão sendo incluídos um depoimento sobre Amelia da amiga Maria Lucia Caira Gitahy, e artigos dos seus amigos Shozo Motoyama, sobre dilemas atuais da ciência e tecnologia, Fernando Souza Barros e Luiz Pinguelli Rosa, sobre os esforços de físicos brasileiros para conter a corrida ao armamento atômico, e Silvio R.A. Salinas, sobre três décadas de história da Sociedade Brasileira de Física.

Somos felizes de termos a Amelia sempre conosco.

Silvio R. A. Salinas e Antonio Augusto P. Videira
03/05/2000

Convergências

Ana M.A. Carvalho
Instituto de Psicologia
Universidade de São Paulo

Modalidades de interação há muitas, não só entre indivíduos como entre grupos, sociedades ou áreas de conhecimento. Ao tentar escrever este texto, ocorreu-me a pergunta sobre a natureza da interação que eu, psicoetóloga (como gosto de me definir em função da influência que a Etologia exerce em meu pensamento), venho mantendo nos últimos anos com a profa. Amelia Império Hamburger. Minha resposta foi: é uma interação de convergência, de descoberta de identidades insuspeitadas, de reconhecimento e explicitação. Sobre essa resposta é que pretendo refletir aqui.

Muitos anos atrás, quando defini minha linha de pesquisa como ontogênese do comportamento social na criança, sob um enfoque etológico, ontogênese me parecia ser sinônimo de desenvolvimento tal como abordado na Psicologia. As diferenças logo se tornaram aparentes, elucidadas pelas implicações do enfoque psicoetológico do qual eu tinha partido; vinte anos depois, encontro na Psicologia as mesmas distinções básicas, feitas por teóricos de diferentes orientações. Quais são?

Em primeiro lugar, o enfoque clássico da Psicologia do Desenvolvimento é normativo/descritivo ou, na terminologia de Valsiner[1], situa-se em um quadro de referência "inter-individual", no sentido de trabalhar com comparações entre indivíduos ou populações: buscam-se tendências médias em relação a determinadas medidas ou relações entre medidas, ou correlações entre medidas em diferentes recortes temporais. Por exemplo: meninas de tal ou qual nível sócio-econômico diferem na medida X de desempenho de meninos da mesma classe? Essas medidas têm estabilidade ao longo do tempo (por exemplo, 5 a 10 anos)? etc. O pressuposto implícito é a possibilidade de estabelecer ligações causais entre eventos anteriores e posteriores no curso do desenvolvimento individual.

Em decorrência, a abordagem clássica às questões de desenvolvimento é "futurista", no sentido de preocupar-se basicamente com desenlaces futuros de cada estado presente e, consequentemente, de adotar uma atitude otimisticamente intervencionista: criada a condição X, produzir-se-á o indivíduo Y, com características Z previstas pelo modelo ou teoria em questão[2].

Ambos esses pontos são questionáveis a partir de um enfoque psicoetológico - ou pelo menos a partir de uma determinada leitura desse enfoque. A distinção entre perguntas causais e ontogenéticas é clássica na Etologia[3]: a pergunta ontogenética não é um "por quê o indivíduo X comporta-se de tal maneira em determinado momento", mas sim um "como" se desenrolam os processos pelos quais cada etapa da vida se sucede a outra, como a larva se transforma em borboleta ou como o filhote de uma ave nidífuga vem a reconhecer a progenitora. Este último caso, o do "imprinting" ou "estampagem", parece-me exemplar para ilustrar essa distinção. A análise do fenômeno da estampagem consiste essencialmente na análise de um fenômeno presente: o encontro do filhote recém-eclodido do ovo com um objeto cujas características permitirão a estampagem. O que se pergunta é: como se dá esse processo? Que características do filhote e do objeto interagem para produzir o efeito de relação nesse momento particular? Evidentemente existem suposições causais embutidas nesse modelo, mas em essência trata-se de um modelo de desenvolvimento, de análise de processo momento a momento. O tempo do desenvolvimento, entendido como processo de transformação, é o presente.

E aqui me vem um primeiro reconhecimento. Penso que, em certo sentido, a Psicologia - inclusive a do Desenvolvimento - ignora o tempo. O sentido a que me refiro é o de que, na abordagem psicológica clássica, o tempo aparece principalmente como um pano de fundo no qual se sucedem eventos causalmente relacionados, e não como uma dimensão primária de análise. Além disso, a "extensão" de tempo privilegiada é marcada pela duração da vida individual, subdividida em "fases" psicologicamente diferenciadas - a infância, a adolescência, a vida adulta, a velhice. Os intervalos de tempo relevantes tendem a ser os que estabelecem relações entre essas fases.

Ora, quando se começa a trabalhar com base na observação de processos concretos, de interações presentes, esses sentidos de tempo se esvaziam[4]. Reconhecemos a transformação, eventualmente, em intervalos de segundos. A "permanência" das transformações deixa de ser o foco das perguntas, que se desloca para o próprio processo pelo qual elas se dão*.

Esse reconhecimento do tempo ocorreu inicialmente, em nosso trabalho conjunto, quando Amelia Império Hamburger sugeriu uma analogia entre o movimento browniano e ações observadas em uma seqüência de poucos minutos de brincadeira entre crianças[5]. Em uma sala de creche, um grupo de crianças sucessivamente estruturava e desfazia "arranjos"[6], entendidos como configurações reconhecíveis pelo observador - e pelas próprias crianças - e interrompidas por momentos de desorganização. Como moléculas em suspensão, as crianças se deslocavam de forma aparentemente caótica, mas eventualmente formavam "figuras" passíveis de atribuição de significado: uma brincadeira de correr ritmicamente de um lado para outro da sala, de girar em círculos, de girar em torno de uma criança que encenava uma atuação simbólica como "cachorro", co-res-

---

* Cabe aqui uma observação e uma desculpa: embora venha me referindo à Psicologia genericamente, é claro que reconheço exceções que escapam aos comentários feitos. Talvez não por coincidência, essas exceções me parecem ser, quase sempre, oriundas de trabalhos ou enfoques que privilegiaram a observação direta - por exemplo, alguns cognitivistas construtivistas, os pesquisadores de interação mãe-criança influenciados pela Etologia e outros.

pondida por outras crianças. A pergunta relevante, pensamos, não é se podem ser identificados efeitos futuros (em fases posteriores da infância ou da adolescência) dessas transformações, mas o apreender o processo concreto de construção de significados em um contexto interacional.

Esse ponto de partida resultou em uma análise na qual o conceito de arranjo foi precisado sob a forma de "atrator", por analogia com o respectivo conceito matemático, e foram identificados princípios que permitem compreender a constituição de atratores no contexto *species-specific* da sociabilidade humana: orientação da atenção, compartilhamento de significados e persistência de significados.

Aplicados a outros episódios interativos, esses princípios levaram a uma articulação entre o sentido de tempo presente e o sentido de tempo histórico[7], através de um argumento em que se propõe uma continuidade essencial entre Psicologia, Biologia e Ciências da matéria. A explicitação de princípios de uma lei geral de sociabilidade invocou outras questões, familiares ao pensamento biológico, e relativas a valor adaptativo e história evolutiva, em uma dimensão de tempo muito diferente da psicológica, embora ainda insignificante diante da dimensão temporal das transformações do universo físico.

Curiosamente, portanto, a interação com a Física, através de Amelia, re-significou o conceito de tempo em duas direções opostas: a do tempo presente, a fração de minuto ou os segundos, e o tempo histórico, redimensionador das perguntas que vimos perseguindo a partir daí.

Chamo de histórico esse tempo a que estou me referindo, para desconforto de alguns colegas que preferem manter uma distinção estrita entre história e natureza, uma distinção que sempre rejeitei e que Amelia muito contribuiu para questionar. Origem e transformação no tempo definem História, um conceito que aprendi com ela a aplicar a moléculas tanto quanto a seres humanos: uma verdadeira proeza para quem, tendo feito o curso Clássico, foi se aproximar pela primeira vez da Física por volta dos quarenta anos...

O que é, então, desenvolvimento, história individual? Não há um alvo ("goal") nesse processo? A idéia de "goal" parece intrínseca a uma concepção "futurista" de desenvolvimento, referida acima: olha-se o ser em desenvolvimento como o estado imaturo ou potencial daquilo que virá a ser - no caso da criança, o adulto. Olha-se-o, portanto, não pelo que é, mas pelo que ainda não é. Com isso, perde-se a compreensão de sua natureza própria enquanto criança, de sua funcionalidade nessa etapa da vida. Mais uma vez, o enfoque etológico é útil: a infância, e a infância humana talvez mais do que qualquer outra, é uma fase extremamente frágil e portanto suscetível à seleção natural; sua organização pode ter, e muito provavelmente tem, funções adaptativas próprias, não necessariamente relacionadas à adaptatividade de suas conseqüências potenciais na vida futura. O etólogo olharia a criança com o mesmo olhar que dirige a uma espécie desconhecida: na tentativa de conhecê-la em sua própria circunstância. Esse olhar é também o de uma parte da escola francesa de desenvolvimento - não por coincidência também influenciada pela Biologia e pela Etologia - hoje representada principalmente pelos pesquisadores do CRESAS, herdeiros intelectuais de Henri Wallon, que preferem, para marcar essa postura, definir-se como psicólogos da criança, e não do desenvolvimento[8].

Mas, pode-se argumentar, é evidente que desenvolvimento também significa a transformação do bebê em criança, da criança em adulto - principalmente esta, já que é na fase reprodutiva que a seleção natural pode atuar; é evidente portanto que as adaptações da infância devem se relacionar em alguma medida com as adaptações adultas. A questão aqui parece ser: com que grau de liberdade? É evidente que um bebê criado em um ambiente não-falante se tornará um ser humano adulto não-falante; por outro lado, diferenças individuais muito marcantes no processo de aquisição da linguagem nos primeiros anos tendem a se diluir com o tempo: aos 7 ou 8 anos, crianças que tiveram ambientes falantes diferentes e ritmos de desenvolvimento de linguagem muito diversos apresentam um desempenho de linguagem basicamente semelhante - há muitos graus de liberdade para o desenvolvimento da linguagem, ou, em outras palavras, dadas certas condições ambientais mínimas, bebês humanos se tornarão crianças que falarão a língua de seu ambiente social, em função de sua flexibilidade de ajustamento. O desenvolvimento é uma rampa com muitos caminhos alternativos.

Há mais: quaisquer que sejam as diferenças genéticas ou ambientais a que um bebê é submetido, ele nunca será outra coisa senão um ser humano, uma condição que lhe é dada desde a concepção. Esta última afirmação tem sido alvo de controvérsia a partir de relatos anedóticos (as "crianças-lobo") e explorada na criação literária (por exemplo, no comovente e delicioso *Second Nature*[9] - e introduzir a literatura em sentido estrito na reflexão científica foi outra aquisição que devo a Amelia); mas, de um ponto de vista lógico, epistemológico e científico, ela se sustenta: o que mais poderia ser um bebê, senão ser um ser humano? *"A natureza é conforme a si mesma"*, *"cada força é conforme à natureza dos corpos que a constituem e são constituídos por ela"*[10]. Não se pode falar portanto em um "tornar-se humano" ou em um "vir-a-ser humano": humanos, somos por definição.

O que tudo isso implica em termos de perguntas sobre desenvolvimento?

Penso que aqui, novamente, a interação entre planos diferentes do conhecimento é elucidativa. A pergunta ontogenética típica da Etologia se refere aos processos de desenvolvimento típicos da espécie, antes que aos desenlaces desenvolvimentais que caracterizam determinados indivíduos; de fato, em certas espécies, o próprio conceito de indivíduo é de difícil aplicação, mesmo do ponto de vida da interação intraespecífica[11,12]. Forçando-se, até certo ponto, um paralelo com fenômenos físicos, as perguntas relevantes não se referem ao comportamento e aos desenlaces de uma determinada partícula - que não são determináveis - e sim às leis que regulam as relações entre as partículas em condições especificadas.

Penso que ocorreu na história da Psicologia uma transposição de certos conceitos das ciências exatas e biológicas sem os ajustes epistemológicos devidos. Um exemplo já comentado na literatura é o do conceito biológico de adaptação, traduzido pelo funcionalismo em termos de ajustamento individual[13], um desvio significativo a partir do conceito original de adaptação ao longo de gerações em função da seleção natural. A busca de relações causais determinantes do desenvolvimento individual me parece ser outra faceta do mesmo vício de origem: a definição da Psicologia como a ciência da individualidade. Aplicar as mesmas perguntas à espécie e ao indivíduo pode deformar as perguntas e resultar em poucas respostas, fato característico da Psicologia do Desenvolvimento tradicional. Não por acidente, um dos pesquisadores mais relevantes para o estudo do desenvolvimento - Jean Piaget - não estava interessado basicamente na transformação de uma criança em um adulto, e sim nos processos de evolução do pensamento dos seres humanos. Predizer o que virá a ser cada bebê individual não é uma pergunta relevante ou possível para o estudo do desenvolvimento; interessa é conhecer o processo de construção da individualidade.

Penso, enfim, que a Psicologia, ciência retardatária e em busca de modelos, ainda não assimilou senão superficialmente as implicações da revolução promovida pela Física no século XX, com os conceitos de universo em expansão (portanto, em transformação), de caos e de indeterminismo. Essa assimilação é, a meu ver, ainda insipiente e recente, como ilustra o debate desenvolvido no Workshop *Determinism and Indeterminism in Development* (Serrambi, PE, Brasil), publicado em 1997 no livro *Dynamics and Indeterminism in Psychological and Social Processes* (Fogel, Lyra e Valsiner, orgs.), no qual se encontra um ecletismo significativo de posições teóricas, epistemológicas, e em relação às implicações dessas reformulações para a Psicologia e para o estudo do desenvolvimento. Penso que nos encontramos, em relação a essas questões, naquela fase, típica de momentos de revolução intelectual, em que os aparentes acordos se baseiam mais na identidade dos discursos do que na do pensamento. Essa falácia é impossível quando se convive com Amelia, uma demolidora de discursos vazios e de conceitos imprecisos. A Psicologia está precisando de mais algumas Amelias...

Por exemplo, é possível descobrir certas convergências entre nosso ponto de vista e o de pesquisadores que tiveram pontos de partida bem diferentes. Valsiner (1997) afirma que o desenvolvimento individual pode ser cognoscível, mas não predizível. Há espaço para a liberdade, para o acaso e para a criatividade no ajustamento *no caso do ser humano*. Meu viés biológico me dificultava a aceitação desse tipo de restrição e, em conseqüência, do argumento como um todo, até que minha interação com Amelia me levou a estender o conceito de história também para o universo físico e, com isso, a compreender mais essencialmente a indeterminação e o jogo entre transformação e estabilidade no processo histórico nesse sentido amplo. Convém salientar que todos esses resultados foram obtidos, não apenas a partir de discussões teóricas, mas sim da análise empírica de dados de observação. Foi nos dados que encontramos identidades conceituais possíveis e espaço para o desenvolvimento de princípios especificamente aplicáveis à análise psicológica do observado[5,7]. Os princípios da orientação da atenção, do compartilhamento de significados e da persistência de significados podem ser pensados, metaforicamente, como extensões ou desdobramentos do conceito fundamental da teoria da matéria, a atração entre os corpos. *"O uso dos conceitos (alquímicos) de sociabilidade, mediação, coesão, individuação, regulação... discutidos na psicologia atual, aparecem como metáforas das interações entre os homens, entre os homens e a natureza... e de suas regras semânticas*"[14].

Em nossa análise conjunta do conceito de regulação tal como utilizado em diferentes contextos da Biologia e da Psicologia, identificamos duas tendências comuns do desenvolvimento desses usos: *"da ênfase na estabilidade para a ênfase na variação, flexibilidade e novidade; e uma noção crescentemente dinâmica de ajustamento... Esses movimentos são compatíveis com as tendências gerais da evolução de nossas concepções sobre a natureza: desde o Renascimento, a visão da natureza como essencialmente estável e permanente... foi sendo substituída por uma concepção histórica sobre a natureza, cujo núcleo é a idéia de transformação"*[7]. Além dessa perspectiva histórica sobre o pensamento científico, foi uma contribuição fundamental de Amelia a articulação entre as idéias de transformação e de estabilidade (por exemplo, no princípio de persistência de significados): essa contradição, ela nos mostrou, não é apenas aparente, é a essência da lógica da constituição simultânea. *"Persistência é o complemento necessário da transformação: na ausência de persistência, é impossível qualquer comunicação (trânsito significativo de informação). A História, em seu sentido mais amplo, é constituída por transformação (dinâmica, novidade) e por estabilidade, qualquer que seja a escala temporal e o nível de fenômenos naturais que estejamos focalizando"*[7].

Parafraseando as últimas linhas que escrevemos nesse trabalho conjunto, eu diria que minha interação com Amelia Império Hamburger contribuiu fundamentalmente, e foi talvez uma condição necessária, para que eu pudesse elaborar e efetivar minha tendência para uma tentativa de integração entre as ciências ditas "naturais" e "humanas", em uma abordagem científica que possa recolocar os fenômenos humanos e os seres humanos no mundo natural ao qual pertencem - uma abordagem de convergência.

Referências

1. Valsiner, J. "The question of precision in psychological research", Palestra apresentada no Departamento de Psicologia Experimental do IPUSP, 1997.
2. Carvalho, A.M.A. "O estudo do desenvolvimento", *Psicologia*, 13(2), 1-13, 1987.
3. Tinbergen, N. *The Study of Instinct*, Cambridge Univ. Press, 1951.
4. Carvalho, A.M.A. "Algumas reflexões sobre o uso da categoria 'interação social'". *Anais da XVIII Reunião Anual de Psicologia (SPRP)*, Ribeirão Preto, SP, 1989. p. 11-116.
5. Pedrosa, M.I.P.C.; Carvalho, A.M.A.; Império Hamburger, A. "From disordered to ordered movement: Attractor configuration and development", in A. Fogel, M. Lyra e J. Valsiner, eds., *Dynamics and Indeterminism in Psychological and Social Processes*, N.J., Lawrence Erlbaum, 1997. p. 135-151.
6. Pedrosa, M.I.P.C. *Interação Criança-Criança: Um Lugar de Construção do Sujeito*, Tese de Doutorado, Instituto de Psicologia da USP, São Paulo, SP, 1989.
7. Carvalho, A.M.A.; Império Hamburger, A.; Pedrosa, M.I.P.C. "Interação, regulação e correlação no contexto do desenvolvimento humano: discussão conceitual e exemplos empíricos", *Publicações IFUSP/P-1196*, 1996. p. 1-34.
8. Zazzo, R. *Onde está a Psicologia da Criança?*, Campinas, Papirus, 1989.
9. Hoffman, A. *Second Nature*, New York, Berkeley Books, 1994.

10. Império Hamburger, A.; Carvalho, A.M.A.; Pedrosa, M.I.P.C. "Auto-organização em brincadeiras de crianças: de movimentos desordenados à realização de atratores", in M. Debrun, M.E.Q. Gonzalez e O. Pessoa, eds., *Auto-Organização: Estudos Interdisciplinares*, Campinas, Coleção CLE 16, 1996. p. 343-361.
11. Lorenz, K. *A Agressão - Uma História Natural do Mal*. São Paulo, Martins Fontes, 1973.
12. Carvalho, A.M.A. *Seletividade e Vínculo na Interação entre Crianças*, Tese de Livre-Docência, IPUSP, SP, 1992.
13. Sohn, D. "Two concepts of adaptation: Darwin's and psychologists'", *Journal of the History of the Behavioral Sciences* 12, 367-375, 1976.
14. Império Hamburger, A. "Sociabilidade na alquimia de Isaac Newton: A Chave". Comunicação apresentada no simpósio *Social e Sociabilidade: Contribuições Interdisciplinares*, na Reunião Anual da SBP, Ribeirão Preto, SP, 1996.

Paraconsistência e Racionalidade

Newton C.A. da Costa[a] e Otávio Bueno[b]

[a]*Departamento de Filosofia, Universidade de São Paulo*
[b]*Departamento de Filosofia, Universidade Estadual da Califórnia, Fresno, EUA*

1. Introdução

Neste trabalho, temos dois objetivos básicos. Inicialmente, pretendemos examinar algumas dificuldades envolvidas na tentativa de utilizar lógica em física. Como veremos, o que à primeira vista pode parecer uma tarefa simples revela-se de fato algo extraordinariamente complexo. Diversos resultados em fundamentos da física e da lógica mostram que as relações entre esses dois domínios são bastante delicadas. Por um lado, teorias físicas como a mecânica quântica e a teoria da relatividade parecem sugerir, de maneiras distintas, revisões no sistema proporcionado pela lógica clássica; por outro lado, sistemas lógicos não-clássicos (como a lógica paraconsistente) têm sido desenvolvidos não apenas como lógicas puras (isto é, como puros sistemas dedutivos), mas também como lógicas aplicadas (ou seja, como sistemas aplicáveis ao universo físico). O desenvolvimento de tais lógicas aplicadas é crucial, já que, como veremos abaixo, diversas teorias físicas contemporâneas são *inconsistentes* entre si; o que sugere que uma forma de acomodá-las consiste no uso de uma lógica paraconsistente (uma lógica que pode servir de base para teorias inconsistentes mas não-triviais).

Como veremos, esses resultados trazem importantes conseqüências para a própria noção de racionalidade. Afinal, tipicamente se assume que a *consistência* é uma condição necessária para a racionalidade. O advento da lógica paraconsistente permite revisar tal requisito, insistindo que tal condição não é dada pela consistência, mas pela *não-trivialidade*. Desse modo, a investigação das relações entre lógica e física levará naturalmente a considerarmos a relação entre racionalidade e paraconsistência. O exame de alguns aspectos envolvidos neste último tópico consiste em nosso segundo objetivo.

2. Racionalidade

Iniciaremos a discussão dos problemas da utilização da lógica em física propondo uma caracterização da racionalidade científica. Não tencionamos entrar em muitos detalhes, mas apenas deixar patente o papel que, em nosso entender, a lógica representa na atividade científica. A conceituação de racionalidade proposta pode não satisfazer a todos, mas seguramente encerra traços que pertencem à mesma. Em geral, em filosofia da ciência, definições preliminares, que posteriormente podem ser aprimoradas, são importantes. Nesse aspecto, há certa analogia com a ciência, que avança passo a passo: há a mecânica dos corpos rígidos, a dos corpos elásticos, a dos corpos hiper-elásticos, a dos corpos plásticos etc. Cada vez mais nos acercamos da situação "real".

A racionalidade científica possui quatro dimensões principais:

(1) *a dimensão lógico-dedutiva:* recorremos a uma lógica explícita para efetuarmos nossas deduções;

(2) *a dimensão indutiva:* necessitamos de processos não dedutivos, isto é, indutivos, para nos fornecerem, entre outras coisas, os pontos de partida de nossas deduções. Dentre os processos indutivos comuns, destacaremos os métodos de ingerência estatística (avaliação de parâmetros, teste de hipóteses etc.), a analogia, a indução simples e o método hipotético-dedutivo;

(3) *a dimensão crítica:* a crítica permanente é essencial à racionalidade – sem ela, não pode haver ciência;

(4) finalmente, há a *dimensão referente ao objetivo da investigação científica:* ela busca algum tipo de verdade ou de regularidade na descrição da experiência[1].

Tendo tecido essas considerações, vejamos como essa concepção de racionalidade e do papel da lógica relaciona-se com algumas questões referentes aos fundamentos da física.

3. Inconsistência em Física

Como a física se constitui em disciplina racional, ela se funda em uma lógica dedutiva que, ao que tudo indica, parece ser a clássica. Todavia, esta suposição encontra-se sujeita a reparos. Com efeito, as duas grandes teorias físicas de nosso tempo, relatividade geral e mecânica quântica padrão, são incompatíveis. A gravitação quântica, a teoria das supercordas e outras construções teóricas procuram superar essa dificuldade, mas até agora em vão.

Boa parte das teorias físicas compõem-se de teorias que se mostram incompatíveis entre si. Isto ocorre, por exemplo, ao utilizarmos simultaneamente a mecânica clássica e a teoria eletromagnética de Maxwell. Tal é também o caso da física do plasma, que associa à mecânica clássica a teoria eletromagnética e a quantização, sistemas conceituais dois a dois contraditórios. O mesmo se passa, para citar mais um exemplo, com o átomo de Bohr.

Os fatos acima sugerem que a lógica dedutiva efetivamente usada em física talvez deva ser paraconsistente. Esta última permite harmonizar teorias contraditórias sem perigo de trivialização (isto é, sem que tudo seja demonstrável), como ocorre com a lógica clássica[2].

É claro que sempre permanece aberta a possibilidade de unificação consistente da física, mediante novas elaborações teóricas. Mas também pode ocorrer que a física só se deixa unificar e sistematizar via uma lógica paraconsistente. Parece-nos que somente o futuro decidirá isso (se decidir mesmo).

Observe-se que o átomo de Bohr, mediante uma lógica paraconsistente, converte-se em teoria perfeitamente racional, desde que na primeira cláusula da conceituação de racionalidade, acima, a lógica dedutiva empregada seja paracon-sistente. (Note-se que esta ultima não destrói a lógica clássica, mas a amplia, mais ou menos como a relatividade geral estende a teoria da gravitação newtoniana.)

4. O Spin do Elétron

O problema da lógica em física torna-se agudo especialmente em mecânica quântica. Neste domínio, há razões para se acreditar que as normas da lógica clássicas são derrogadas. Consideremos, por exemplo, o elétron. Como se sabe, ele possui momento angular intrínseco, que se denomina spin. Há numerosas experiências (tais como a de Stern-Gerlach, de 1921) nas quais o spin é quantizado, e assume, no caso do elétron, apenas dois valores, designados por $+1/2$ e $-1/2$ (no caso da mecânica newtoniana, o momento angular varia continuamente). Mede-se o spin do elétron segundo uma direção (eixo). Contudo, dado o princípio da indeterminação de Heisenberg, não é possível medir o spin simultaneamente em duas direções distintas. Todos esses fatos encontram-se entre os melhores com-provados da mecânica quântica, uma teoria cujas bases experimentais são extra-ordinariamente bem confirmadas.

Suponhamos que dispomos de um feixe de elétrons cujo spin está polarizado segundo o eixo x, possuindo valor $+1/2$ (tais condições são obtidas com facilidade experimentalmente). Desse modo, a proposição

(A) O feixe de elétrons tem spin $+1/2$ na direção x

é verdadeira. Além disso, as proposições:

(B) O feixe tem spin $+1/2$ na direção y,

(C) O feixe tem spin $-1/2$ na direção y,

onde $x \neq y$, são tais que B ∨ C é evidentemente verdadeira, dadas as considerações tecidas acima. Portanto, A ∧ (B ∨ C) também o é. Ora, se aplicarmos a lei distributiva,

$$A \wedge (B \vee X) \rightarrow (A \wedge B) \vee (A \wedge C),$$

resulta que (A ∧ B) ∨ (A ∧ C) também deve ser verdadeira. Contudo, dado que $x \neq y$, pelo princípio de Heisenberg, esta ultima proposição ou é falsa ou é destituída de sentido[3].

Assim, verificamos que há dificuldades se quisermos manter a lógica clássica em física quântica. Não dizemos que o tema não seja suscetível de discussão: apenas desejamos frisar que a lógica (clássica) em física não deve ser empregada de forma não crítica.

Com o auxílio do exemplo acima, torna-se possível perceber que a noção tradicional de predicado do cálculo de predicados da lógica clássica de primeira ordem não se enquadra, de modo imediato, na perspectiva quântica. Em síntese, a utilização da lógica tradicional em mecânica quântica depende de análise profunda e da solução prévia de diversas questões conceituais.

5. Universos de Gödel

Em 1949, Gödel descobriu nova solução das equações gravitacionais de Einstein, que deu origem a um tipo de universo no qual, em princípio, é possível viajar no tempo (em particular ao passado). Escreveu Gödel:

> Esta situación parece implicar un absurdo. Pues le permite a uno viajar, por ejemplo, al pasado reciente de los lugares en los que él mismo ha vivido. Allí encontraría una persona que sería uno mismo en un período anterior de su vida. Entonces podria hacerle algo a esa persona que él sabe, por su memoría, que no le há ocurrido. Estas contradicciones y otras similares, no obstante, para que prueben la imposibilidade de los universos en consideración presuponen que es realmente practicable el viaje de uno nismo a su pasado. Pero las velocidades que serían necesarias para completar el viaje en un lapso razonable de tiempo superan en mucho cualquier magnitud que pueda esperarse nunca que llegue a ser una posibilidad práctica. Por lo tanto, no puede excluirse a priori, sobre la base del argumento dado, que la estructura del espacio-tiempo del mundo real sea del tipo descrito[4].

O universo de Gödel é estacionário, não está em expansão, como se requer em cosmologia, desde que há um deslocamento para o vermelho no espectro dos objetos afastados de nosso sistema planetário. Posteriormente, ele descobriu universos não estacionários, nos quais viagens ao passado seriam talvez possíveis (sobre essas questões, ver Gödel[4]; uma exposição popular do tema encontra-se em Barrow[5]).

Obviamente, os universos de Gödel só possuem, por enquanto, valor matemático. Nosso universo real, ao que tudo indica, não pertence à categoria dos de Gödel. Em todo caso, as indagações do lógico austríaco conduzem, pelo menos em nível matemático, a situações que beiram contradições "reais", situadas, por assim dizer, no próprio universo em que vivemos. Se fôssemos habitantes de um universo de Gödel, com viagens no tempo, talvez devêssemos recorrer a uma lógica que não excluísse contradições.

Procurando indagar se no mundo da física pode-se defrontar com contradições *reais*, em oposição às derivadas das sistematizações do conhecimento, as *gnoseológicas*, um dos pontos mais próximos a que chegamos foi por meio dos modelos de Gödel. Mas, sem sombra de dúvida, tais considerações não são conclusivas.

Vale notar que a situação presente, no que concerne às viagens no tempo, é muito bem resumida por Woodward[6], nos seguintes termos:

> To sum up, if one allows singularity formation in the process of wormhole induction, and there is no physical reason to deny this possibility, then it may be possible to make time machines that do not self destruct employing exotic matter. If the Copenhagen or histories/decoherence interpretations of quantum mechanics are right, then time travel, at least to the future, is impossible because the future is in no sense actualized since it is not yet determined. If either the de Broglie-Bohm transactional, or many worlds interpretations of quantum mechanics are correct, then time travel may be in principle possible because reality is deterministic and acausal and the past and future, in some

world at least, objectively exist. A transient inertial reaction effect can be used to induce substantial amounts of exotic matter. If no process acts to augment this mechanism of exotic matter induction, then, although wormhole formation is not forbidden in principle by GRT [general relativity theory], it is likely not achievable in practice. If GRT is modified to conform to the strong version of Mach's principie (gravitational induction of mass), then wormhole formation is forbidden in principie. If the bare masses of elementary particles are negative, as required for the "realistic" purely electromagnetism ADM model [the model of Arnowitt-Deser-Misner], and the SMW [the gravitational induction of mass] is not right, then it may be possible to trigger wormhole formation with transient inertial reaction effect.

6. Bases Matemáticas e Estatísticas

Hoje sabe-se que há estatísticas alternativas. Elas não conduzem a resultados coincidentes a partir dos mesmos dados. Isto provém de concepções diferentes da teoria das probabilidades. Por exemplo, Neyman e Pearson concebem a probabilidade como algo objetivo, ao passo que de Finetti e Savage a vêem como proveniente de nossas crenças, como grau de crença racional[7].

Ora, na física, as aplicações do cálculo de probabilidades e da estatística são numerosas e fundamentais. Na própria definição de medida de uma dada grandeza já nos comprometemos com a noção de probabilidade e com suas propriedades. Desse modo, se há cálculos de probabilidades e estatísticas alternativos, cumpre ao físico justificar a escolha que faz. Relativamente a esse assunto, existe certa analogia com a geometria. Antes do advento de geometrias diferentes da euclidiana, havia somente uma geometria e os físicos não tinham necessidade de explicar a razão de sua opção por essa geometria. No entanto, com o surgimento das geometrias não-euclidianas e de outras que também se afastam da de Euclides, o físico passou a ter a obrigação de legitimar e discutir sua preferência. Situação parecida ocorre em conexão com a probabilidade e a estatística.

Tendo-se em mente a caracterização de racionalidade apresentada acima, percebe-se imediatamente que a contraparte indutiva desta última deve ser tratada criticamente. Em síntese, dado que existem de fato lógicas indutivas alternativas, compete ao físico decidir qual delas melhor se adapta em determinadas circunstâncias. Em particular, há lógicas indutivas paraconsistentes que são candidatas em potencial para certo tipo de racionalidade.

Atualmente foram edificadas o que se pode chamar de matemáticas não-clássicas. Limitando-nos às matemáticas assentadas na lógica tradicional, destaca-se a matemática de Solovay. Esta decorre, em essência, de modificações introduzidas em um dos axiomas da teoria de conjuntos usual (a teoria de Zermelo-Fraenkel), o conhecido e debatido axioma da escolha (bem como de outros detalhes que não interessam aqui). Na matemática de Solovay, por exemplo, todo subconjunto de pontos da reta real é mensurável segundo Lesbegue; por outro lado, as estruturas matemáticas comuns têm definições idênticas às clássicas, mas possuem, muitas vezes, propriedades diferentes. Assim, os espaços de Hilbert gozam de propriedades surpreendentes, impossíveis na teoria usual[8]. Como a mecânica quântica está intimamente ligada à noção de espaço de Hilbert, pode-se pensar em lançar mão dessa nova matemática em física, o que, aliás, já tem sido feito. Por conseguinte, no tocante à matemática, emergem problemas de mesma índole dos referentes ao cálculo de probabilidades e à estatística.

Schrödinger, Heisenberg e outros físicos insistiram que o conceito de igualdade não tem sentido com relação às partículas elementares (o mesmo ocorre com a idéia de diversidade). Carece de sentido afirmar que a partícula elementar x é igual à partícula y, ou que é diferente da mesma. Em particular, é destituído de significação asseverar-se que $x = x$, onde x é uma partícula elementar. Em outras palavras, o princípio de identidade (ou a lei reflexiva da igualdade) parece não valer do domínio microscópio (para elétrons, fótons etc.). Daí, a construção das lógicas não-reflexivas[1,3].

Tudo isso contribui para mostrar que a aplicação da lógica à física não constitui tema simples e direto (se a igualdade carece de sentido ao nível microscópio, constata-se que não se pode definir função, denotação de símbolo, e, em particular, a idéia de nome próprio se esvai). As lógicas não-clássicas, tais como as não-reflexivas, as paraconsistentes e as paracompletas talvez venham a ser sumamente relevantes para os fundamentos da física.

7. Estruturas Parciais e Quase-Verdade

Já discorremos sobre as relações entre algumas teorias físicas, sublinhando que, por exemplo, a relatividade geral e a mecânica quântica são disciplinas incompatíveis. Mas, em contrapartida, elas têm seus âmbitos de aplicação e as correspondentes cotas de precisão. Embora inconsistentes, as duas valem sob certas condições; ou, dito de outro modo, em seus domínios próprios salvam as aparências: neles tudo se passa como se elas fossem verdadeiras *stricto sensu*. Por seu turno, a mecânica newtoniana possui seu campo de aplicação razoavelmente bem determinado. Aliás, isso ocorre com todas as teorias fecundas, especialmente quando são dotadas de capacidade de predição e de sistematização.

É clara a semelhança entre o que se acaba de asseverar e o conceito pragmático de verdade, em suas várias formulações, sobretudo como Peirce e James o trataram. A indagação que se coloca é então a seguinte: há algum modo de formalizar, precisar, o conceito de verdade pragmática que nos interessa, englobando as teorias físicas modernas? A resposta é afirmativa e, por esta via, chega-se ao conceito de quase-verdade.

Em Mikenberg[26], o conceito de quase-verdade foi introduzido (com o título de "verdade pragmática"), por meio de uma generalização da formulação tarskiana do conceito de verdade. Dois componentes básicos foram então formulados: relações parciais e estruturas parciais. Trata-se de proporcionar um quadro conceitual que permita representar formalmente aspectos da "incompletude" comumente encontrada em ciência (este é um dos papéis das *estruturas parciais*), acomodando a idéia de que se as teorias científicas não são verdadeiras, ao menos são, num sentido que explicitaremos a seguir, *quase-verdadeiras*[*].

A investigação detalhada de certo domínio do conhecimento envolve, em geral, a elaboração e o emprego de certas estruturas matemáticas. Essas estruturas podem ser caracterizadas de diversas maneiras, proporcionando, por assim dizer, diferentes formatos de aplicação para a ciência (veja-se, por exemplo, Bourbaki[23,24], Suppes[25], e da Costa e Chuaqui[26]). Seja A o domínio a ser investigado. Para estudarmos o comportamento dos objetos de A, devemos introduzir certos elementos conceituais que nos auxiliem a representar e a sistematizar as informações a respeito de tais objetos. Para tanto, associamos a A um conjunto D, contendo tanto objetos *observáveis* (por exemplo, em física de partículas, linhas espectrais) como objetos *não-observáveis* (tais como quarks e ondas de probabilidade). Estes últimos auxiliam-nos, em particular, no processo de sistematização de nosso conhecimento acerca de A. Se eles de fato correspondem a entidades físicas existentes em A, constitui, é claro, um dos pontos de separação entre interpretações realistas e empiristas acerca da ciência. A abordagem via estruturas parciais não assume nenhum compromisso particular acerca dessa questão.

O que esta abordagem pressupõe, tal como os realistas mais sofisticados e os empiristas, é que estamos interessados em certas relações entre os objetos de D, que intuitivamente representam a informação que possuímos (em dado momento) sobre A. Há um componente *pragmático* nesse ponto, já que tais informações são relativas a nossos interesses, e são obtidas de acordo com o que se toma como *relevante* em determinado contexto. Contudo, independente deste aspecto, há em certo sentido uma "incompletude" nessas informações, na medida em que freqüentemente não sabemos se determinadas relações entre os objetos de D se estabelecem ou não (Refs. 12, 40 e da Costa e French [1990]). À medida que obtemos mais informações sobre D, podemos determinar se certas relações de fato se dão, o que representa um aumento em nosso conhecimento sobre A. Tais relações são *parciais no* sentido em que não estão necessariamente definidas para todas as n-uplas de objetos de D. Tal "incompletude" constitui-se numa das principais motivações para a introdução da abordagem baseada em estruturas parciais. Com efeito, trata-se de proporcionar um quadro conceitual em cujo interior se possa acomodar o emprego de estruturas matemáticas em contextos nos quais há "incompletude" informacional (contextos estes tão usuais na prática científica). Não há, pois, qualquer incompatibilidade entre tal "incompletude" e o uso de estruturas conjuntistas, como fica claro com a introdução do conceito de relação parcial (veja-se Ref. 12, p. 255, nota 2).

De modo mais formal, cada relação parcial R_i em D pode ser caracterizada como uma tripla ordenada (R_1, R_2, R_3) onde R_1, R_2, R_3 são conjuntos disjuntos, com $R_1 \cup R_2 \cup R_3 = D^n$ e tais que R_1 é o conjunto das n-uplas que (sabemos que) pertencem a R_i, R_2 das n-uplas que (sabemos que) não pertencem a R_i, R_3 daquelas n-uplas para as quais não está definido se pertencem a R_i ou não (cumpre notar

---

* Diversos trabalhos foram então desenvolvidos nos quais se exploraram algumas conseqüências da proposta baseada em estruturas parciais para a filosofia da ciência (veja-se, por exemplo, da Costa[1,9,10]; da Costa e French[11-16]; French[17]; da Costa, Bueno e French[18]; Bueno[19-21]; e Bueno e de Souza[22].

que se, for vazio, R_i será uma relação n-ária usual, que pode ser identificada com R_1). Com esta noção de relação parcial, representamos as informações de que dispomos acerca de certo domínio do conhecimento, e mapeamos as regiões que necessitam de investigação adicional (representadas pelo componente R_3). Desse modo, é possível, em certa medida, acomodar formalmente a "incompletude" das informações existente em domínios particulares do conhecimento. Este constitui-se no papel "epistêmico" das relações parciais. Há ainda, contudo, um aspecto "semântico", empregado ao se obter uma generalização do conceito tarskiano de verdade: a quase-verdade.

Para formularmos este último conceito, necessitamos de duas noções auxiliares. A primeira delas, intimamente relacionada ao conceito de relação parcial, é a noção de *estrutura parcial* (ou estrutura pragmática simples). Uma *estrutura parcial é* uma estrutura matemática do seguinte tipo: $A = < D, R_i, P >_{i \in I}$, onde D é um conjunto não vazio, $(R_i)_{i \in I}$ é uma família de relações parciais definidas em D, e P é um conjunto de sentenças acerca de D aceitas como verdadeiras, no sentido da teoria da correspondência da verdade[40]. De acordo com a interpretação do conhecimento científico que se adote, os elementos de P poderão incluir leis ou mesmo teorias (no caso de uma proposta realista), ou enunciados de observação (no caso dos empiristas). De qualquer modo, e esta é uma das motivações para introduzir o conjunto P, a cada momento particular há sempre um conjunto de sentenças aceitas em certo domínio, e que proporcionam restrições acerca das possíveis extensões do conhecimento científico. Intuitivamente, as estruturas parciais modelam aspectos de nosso conhecimento a respeito desse domínio.

A segunda noção a ser introduzida relaciona-se intimamente com o objetivo de formular um conceito mais amplo de verdade. Tal como no caso da caracterização tarskiana[27], segundo a qual a verdade é definida numa estrutura, a quase-verdade também será formulada em termos estruturais. Para tanto, dada uma estrutura parcial $A = < D, R_i, P >_{i \in I}$, dizemos que $B = < D', R'_i, P' >_{i \in I}$, é uma *estrutura A-normal se* (1) $D = D'$; (2) cada R'_i "estende" a relação parcial correspondente a uma relação total (isto é, diferentemente de R_i, R'_i está definida para todas as n-uplas de objetos de D'); (3) se c é uma constante da linguagem interpretada por A e por B, em ambas as estruturas c é associada ao mesmo objeto de D; (4) se α é uma sentença de P, então α é verdadeira em B. O emprego de estruturas A-normais na formulação da quase-verdade é similar ao do conceito de interpretação no caso da proposta de Tarski.

A partir dessas considerações, podemos finalmente definir o conceito de quase-verdade[40]. Dizemos que uma sentença α *é quase-verdadeira na* estrutura parcial A de acordo com B se (1) *A* é uma estrutura parcial (na acepção apresentada acima), (2) *B* é uma estrutura A-normal, e (3) α é verdadeira em B (segundo a definição tarskiana de verdade). Se α não é quase-verdadeira em A de acordo com B, dizemos que a é *quase-falsa* (em S, de acordo com B). Assim, uma sentença α é quase-verdadeira numa estrutura parcial A se existe uma estrutura A-nornal (total) B na qual α é verdadeira; caso contrário, α é quase-falsa.

Deve-se notar, todavia, que não é sempre o caso que, dada uma estrutura parcial, é possível estendê-la a uma total. Uma das condições para tanto pode ser apresentada, esquematicamente, da seguinte maneira[40]: Dada uma estrutura parcial $A = < D, R_i, P >_{i \in I}$, para cada relação parcial R_i, construímos um conjunto M_i de sentenças atômicas e de negações de sentenças atômicas de tal forma que as primeiras correspondem às n-uplas que satisfazem R_i, e as últimas às n-uplas que não satisfazem R_i. Seja M o conjunto $\cup_{i \in I} M_i$. Desse modo, uma estrutura pragmática simples A admite uma estrutura A -normal se, e somente se, o conjunto $M \cup P$ é consistente. Em outras palavras, a extensão de uma estrutura parcial A a uma estrutura A-normal B é possível sempre que o processo de extensão das relações parciais é realizado de tal forma que se assegure a consistência entre as novas relações estendidas e as proposições básicas aceitas (P).

Vale notar que esse resultado proporciona evidência para que se interprete o conceito de quase-verdade como uma noção do tipo *como se*. Se α é uma sentença quase-verdadeira, podemos afirmar que α descreve o domínio em questão *como se* sua descrição fosse verdadeira. Por ser consistente com o conhecimento básico disponível no domínio em exame (representado pelo conjunto P), α permite a representação de algumas das principais informações a respeito deste último, *sem* todavia comprometer-nos com a aceitação da *verdade* dos demais itens de informação (formulados pela estrutura A-normal). Com efeito, há diversas estruturas A-normais compatíveis com uma dada estrutura parcial A, e que estendem esta última a uma estrutura total. Em outras palavras, em virtude das definições apresentadas, uma sentença quase-verdadeira (numa estrutura parcial A) não é necessariamente verdadeira - ela é apenas verdadeira, por assim dizer, no *domínio restrito* delimitado por A. Por outro lado, segue-se de maneira imediata que toda sentença verdadeira é quase-verdadeira. Assim, é claro em que medida essa definição representa uma generalização da noção de verdade proposta por Tarski; as duas definições coincidem quando a primeira é restrita a estruturas totais[*]. Nas seções seguintes, indicaremos de que forma essas noções podem ser empregadas no exame das relações entre paraconsistência e racionalidade.

8. Quase-Verdade, Paraconsistência e Racionalidade

Com a formulação de teorias quase-verdadeiras, e com a afirmação de que a quase-verdade constitui-se num objetivo da ciência, uma nova abordagem da racionalidade científica toma-se possível. Na parte inicial deste trabalho, indicamos uma série de dificuldades conceituais envolvidas na tentativa de se aplicar a lógica à física. Como vimos, o uso da lógica clássica torna dificílima a tarefa de se conciliar alguns resultados significativos da física contemporânea com a lógica. Tal situação altera-se por completo com o uso da teoria da quase-verdade.

Duas características cruciais são trazidas por essa abordagem: (i) uma noção mais ampla de verdade (a quase-verdade), mais apropriada à incompletude de

---

[*] Para uma definição alternativa de quase-verdade e discussões adicionais sobre o tema, veja as Refs. 18 e 22.

informações típica de nossa situação epistêmica, e (ii) o uso de uma lógica paraconsistente como lógica subjacente à quase-verdade[3,18]. Desse modo, a abordagem baseada em estruturas parciais possibilita não apenas (a) descrever diversos aspectos da atividade científica (em particular, o uso de certos modelos em física), mas também permite (b) acomodar as inconsistências e paradoxos mencionados acima. A teoria da quase-verdade revela-se crucial para a descrição do ponto (a), e o fato de que sua lógica é paraconsistente é decisivo para a tese (b). Elaboremos essas afirmações.

Uma das principais características da quase-verdade consiste no fato de ela valer num domínio de aplicação particular, detemínado por certa estrutura parcial. Mencionamos acima o caso da mecânica clássica, válida dentro de certos limites, mas incorreta se estendida para além deles. A idéia de que há limites de validade às teorias físicas encontra-se disseminada na comunidade científica, e constitui uma das intuições básicas subjacentes à teoria da quase-verdade. Isso nos permite afirmar que certos físicos possuem uma noção intuitiva desta última. Considere a seguinte passagem:

> *Although classical mechanics has proved to have an accuracy and an empirical validity far beyond the experimental evidence available at the time of Newton, the theory was found to be inapplicable to systems of sub-atomic dimensions, and also when the speeds involved are comparable to that of light. In some instances both of these features can occur, as in the case of electrons moving in the immediate vicinity of a heavy atomic nucleus. (Encyclopaedia Britannica, vol. 14, 1973, p. 416).*

Dois aspectos cruciais são ilustrados nessa passagem: (1) a idéia de que teorias científicas (tal como a mecânica newtoniana) possuem campos de aplicação limitados, não sendo portanto verdadeiras de forma irrestrita; e (2) a afirmação de que, para além desses limites, tais teorias geram resultados inconsistentes com informações aceitas (a partir de outras teorias cujo campo de aplicação é mais amplo).

A teoria da quase-verdade proporciona uma "caracterização formal" desses dois aspectos. Em certo sentido, uma estrutura parcial A delimita o campo de aplicação de certa teoria T, e a existência de uma estrutura A-normal B explicita a possibilidade de que T seja verdadeira (dado que T é de fato verdadeira em B). Por outro lado, como pode existir outra estrutura A-normal B' na qual T é falsa, o campo de aplicação delimitado por A deve ser levado a sério. Em outras palavras, a teoria T, sendo quase-verdadeira na estrutura parcial A, pode de fato ser falsa se considerada num domínio mais amplo do que aquele delimitado por A.

Outro aspecto importante capturado pela teoria da quase-verdade e o uso de estruturas parciais consiste no fato de que freqüentemente temos apenas informações parciais acerca de determinado domínio de investigação. As relações acerca das quais temos informação, e sabemos que de fato são o caso, são representadas pelo componente R_1 de uma relação parcial R. Além disso, as relações que sabemos não ser o caso são representadas pelo componente R_2. Finalmente, as relações que não sabemos se são ou não o caso (ao menos dadas as informações atuais) são representadas pelo componente R_3. Vimos acima como os universos de Gödel proporcionam, ao menos em princípio, uma forma de compreender a teoria da relatividade na qual viagens no tempo tomam-se possíveis. Em certa medida, ao proporcionar tal universo "estendemos" as informações parciais proporcionadas pela teoria, de forma a gerar uma estrutura "A-normal" na qual certos resultados deixados em aberto pela teoria são fixados. Tenta-se, assim, responder a questão: "Como o mundo seria se tal teoria fosse verdadeira?" Esta, é claro, é uma questão típica trazida pela interpretação de uma teoria física, e a resposta - a elaboração de uma interpretação particular da mesma - proporciona um "quadro do mundo" de acordo com a teoria[28].

Diversos resultados em fundamentos da física consistem em indicar interpretações adequadas para uma série de dificuldades conceituais enfrentadas pelas teorias físicas. Os universos de Gödel, por exemplo, como vimos, exploram a possibilidade de existir viagens no tempo segundo a teoria da relatividade. Em certo sentido, a teoria enquanto tal deixa em aberto tal questão (esta última faz assim parte do componente R_3 da relação parcial empregada). Todavia, ao elaborar um universo de Gödel, estendemos as informações parciais fornecidas pela teoria - de modo compatível com a mesma - para proporcionar uma interpretação desta última na qual viagens no tempo são possíveis. Trata-se, portanto, de um processo de "extensão" das informações parciais provenientes da teoria, articulado de tal modo que o resultado final seja consistente com a mesma (do contrário, não teríamos uma interpretação da teoria em questão, mas a formulação de uma teoria rival). Em outras palavras, ao interpretarmos uma teoria física, construímos uma estrutura A-normal na qual tal teoria é verdadeira, ou seja, mostramos sua quase-verdade. Desse modo, compreendemos como a teoria *poderia ser* verdadeira, e se ela de fato fosse verdadeira, qual o "retrato do mundo" por ela proporcionado.

Mencionamos acima que a mecânica quântica leva a uma revisão da noção usual de igualdade. Em situações normais, assumimos que esta se aplica a quaisquer objetos de nosso discurso. No entanto, físicos como Heisenberg e Schrödinger enfatizaram reiteradamente que carece de sentido aplicar a noção de igualdade às partículas elementares. Desse modo, uma lógica inteiramente nova deveria ser elaborada para dar conta do mundo quântico. Segundo Heisenberg:

> [... I if one wishes to speak about the atomic particles themselves, one must either use the mathematical scheme as the only supplement to natural language or one must combine it with a language that makes use of a modified logic or of no well-defined logic at all.[29]

E Schrödinger insistiu:

> As our mental eye penetrares into smaller and smaller distances and shorter and shorter times, we find nature behaving so entirely differently from what we observe in visible and palpable bodies of our surrounding that no model shaped after our large-scale experiences can ever be true.[30]

Como resultado, ao que tudo indica, para compreendermos o mundo tal como descrito pela mecânica quântica, necessitamos de uma revisão radical do quadro teórico empregado em nossas investigações. O que precisamos, como ponto inicial de tal abordagem, é de uma lógica e uma teoria de conjuntos nas quais nem todos os objetos encontrem-se relacionados pela relação de igualdade. Grosseiramente falando, esta é uma "relação parcial", e a ela partículas elementares não se aplicam*. O ponto a ser salientado aqui é como a teoria da quase-verdade e as estruturas parciais proporcionam um quadro teórico no qual essas diversas interpretações da física contemporânea podem ser abrigadas.

O segundo ponto trazido por tal abordagem (a teoria da quase-verdade), mencionado acima, é a forma como esta permite acomodar inconsistências envolvidas na elaboração de teorias físicas. Por um lado, em termos globais, como a lógica associada à quase-verdade é paraconsistente[18], a existência de teorias inconsistentes em física não gera trivialidade, isto é, do fato de certa teoria ser inconsistente (por exemplo, o modelo atômico de Bohr) não se segue que dela podemos concluir qualquer sentença da linguagem em questão. Uma das principais características da lógica paraconsistente é justamente evitar a equivalência, assumida pela lógica clássica, entre inconsistência e trivialidade. Em linhas gerais, uma lógica paraconsistente serve de base para teorias inconsistentes mas não triviais; isto é, teorias nas quais α-α é um teorema, mas nas quais existe uma sentença que não o é[2]. Com o advento desta lógica, estende-se o domínio de investigação da ciência: não há necessidade de se evitar inconsistências a qualquer custo - o que devemos evitar é a *trivialidade*.

Ora, ao enfatizarnos a busca de teorias quase-verdadeiras em ciência, torna-se possível articular teorias inconsistentes mas não triviais, já que a lógica subjacente à quase-verdade, é paraconsistente. Evidentemente, a idéia não é *elaborar* teorias inconsistentes, mas sim compreender como tantas teorias físicas importantes - sendo elas mesmas inconsistentes (como o átomo de Bohr), ou inconsistentes entre si (como a relatividade geral e a mecânica quântica ou a teoria do plasma) - proporcionam importantes recursos conceituais para investigarmos o mundo físico. Em uma palavra, tais teorias são quase-verdadeiras, adequadas dentro de certos limites, e podendo ser estendidas para além destes apenas em certas condições. Vale notar que Bohr não afirmava que sua teoria era *verdadeira*, mas apenas que ela "salvava os fenômenos" - ou, como diríamos, que ela era quase-verdadeira[12,13,19].

É claro que para capturar as características específicas de cada uma dessas teorias poder-se-iam elaborar lógicas apropriadas (tais como as lógicas de Schrödinger no que diz respeito à mecânica quântica). Contudo, como se trata de teorias inconsistentes, de uma forma ou de outra, as lógicas apropriadas serão *paraconsistentes* (como é o caso da lógica da quase-verdade).

Mas onde tais considerações nos deixam quanto à questão da *racionalidade científica?* Como vimos acima, a racionalidade possui diversas dimensões, uma das quais é uma dimensão lógica. Um dos principais pontos deste trabalho consiste

---

* Em trabalhos recentes, uma lógica satisfazendo tal condição quanto ao conceito de igualdade foi construída: a lógica de Schrödinger[31,32] (ver da Costa e Krause [1994] e [1997]). Além disso, uma teoria de quase-conjuntos que acomoda tal requerimento também foi elaborada[1,3,33,34].

em insistir que, se desejamos proporcionar uma interpretação adequada da física contemporânea, parece necessário adotar uma concepção mais ampla de lógica, na qual diversos sistemas não-clássicos sejam admitidos (tais como as lógicas paraconsistentes, quânticas, de Schrödinger etc.). Caso contrário, parece difícil conciliar a física contemporânea com a noção de racionalidade.

Contudo, uma vez que se adote uma noção mais ampla e pluralista de lógica, as demais dimensões da racionalidade também deverão ser reconsideradas. Por exemplo, a dimensão crítica, como mencionamos, é sem dúvida alguma decisiva para uma atitude racional. Mas para examinarmos criticamente uma proposta, necessitamos de uma lógica, pois dependemos de um procedimento de ingerência para extrairmos conseqüências de tal proposta e determinarmos a aceitabilidade das mesmas. Mas que lógica devemos adotar? A resposta, é claro, dependerá do contexto, do domínio de aplicação em exame. Como vimos, a adequação de uma lógica depende do domínio físico que consideramos (a mecânica quântica, a mecânica clássica etc.), e as restrições trazidas por cada domínio devem ser levadas em conta ao se adotar uma lógica como instrumento crítico[*]. Desse modo, o que propomos aqui é um pluralismo lógico tanto no que diz respeito ao exame dos fundamentos da física como à própria racionalidade científica[1].

Quanto à dimensão indutiva da racionalidade, como mencionamos, com a formulação de teorias estatísticas alternativas, encontramos um pluralismo similar ao indicado no caso da dimensão crítica. Ao físico compete determinar qual das diversas teorias estatísticas revela-se mais apropriada para o domínio particular de investigação. Finalmente, no que diz respeito à dimensão do objetivo da ciência, em nosso entender, devemos buscar teorias *quase-verdadeiras*. Como indicamos, a quase-verdade proporciona um quadro teórico amplo que nos permite compreender as peculiaridades de diversos aspectos da física atual, bem como a existência de inconsistências e incompletudes informacionais.

Desse modo, com base nessas considerações, uma concepção mais ampla de racionalidade emerge. Ela se caracteriza por um pluralismo lógico, um pluralismo quanto aos procedimentos indutivos e quanto à atitude crítica, bem como pela adoção da quase-verdade como o objetivo da investigação científica. Isto possibilita, como vimos, uma ampliação importante na concepção usual de racionalidade: a consistência não é necessariamente um componente intrínseco à atitude racional; tal componente é, antes, a não-trivialidade.

9. Conclusão

Como conclusão, note-se o quanto a racionalidade científica encontra-se imbricada com o exame das questões consideradas acima. Os resultados em fundamentos da física e em lógica discutidos alteram substancialmente a própria noção de racionalidade. Isto não é surpreendente: afinal, a racionalidade, tal como

---

[*] A visão da lógica como um instrumento de crítica é enfatizada por Popper[35] e Miller[36]. Para ambos os autores, contudo, a lógica é essencialmente a lógica clássica.

as próprias teorias físicas e lógicas, é produto da atividade humana, e como tal encontra-se sujeita à diversidade e complexidade das investigações que realizamos.

Conclui-se também que a lógica paraconsistente, dedutiva ou indutiva, pode, em princípio, ser a lógica básica da racionalidade da física atual e, em geral, de qualquer forma de racionalidade científica que dê conta dos problemas apontados. A racionalidade, em nosso entender, é flexível e histórica, embora não arbitrária. Estamos, talvez, entrando em nova era, na qual uma categoria específica de racionalidade será dominante, uma categoria que amplia a tradicional, assim como a relatividade de Einstein estende a mecânica de Newton.

Referências

1. da Costa, N.C.A. [1997a]: *Logiques classiques et non ciassiques*. Paris: Masson.
2. da Costa, N.C.A., Béziau, J.-Y., and Bueno, O. [1995]: "Aspects of Paraconsistent Logic", *Builetin of the Interest Group in Pure andapplied Logics 3*, pp. 597-614.
3. da Costa, N.C.A. [1997b]: *O Conhecimento Científico*. São Paulo: Discurso Editorial-FAPESP.
4. Gödel, K. [1981]: *Obras Completas*. (J. Mosterín, editor.) Madri: Alianza Editorial.
5. Barrow, J. [1998]: *Impossibility: The Limits of Science and the Science of Limits*. Oxford: Oxford University Press.
6. Woodward, J.F. [1995]: "Making the Universe Safe for Historians: Time Travel and the Laws of Physics", *Foundations of Physics Letters 8*, pp. 1-39.
7. Barnett, V. [1982]: *Comparative Statistical Inference*. New York: Willey.
8. Maitland Wright, J.D. [1973]: "All Operators in a Hilbert Space are Bounded', *Bulletin of the American Mathematical Society 79*, 1247-1250.
9. da Costa, N.C.A- [1986]: "Pragmatic Probability", *Erkenntnis 25*, pp. 141-162.
10. da Costa, N.C.A. [1989]: "Logic and Pragmatic Truth", in Fenstad *et al.* (eds.) [1989], pp. 247-261.
11. da Costa, N.C.A., e French, S. [1989]: "Praginatic Truth and the Logic of Induction", *British Journalfor the Philosophy of Science 40*, pp. 333-356.
12. da Costa, N.C.A., e French, S. [1990]: "The Model-Theoretic Approach in the Philosophy of Science", *Philosophy of Science 57*, pp. 248-265.
13. da Costa, N.C.A., e French, S. [1993a]: "Towards an Acceptable Theory of Acceptance: Partial Structures and the General Correspondence Principle", in French e Kamminga (eds.) [1993], pp. 137-158.
14. da Costa, N.C.A., e French, S. [1993b]: "A Model Theoretic Approach to 'Natural Reasoning'", *International Studies in the Philosophy ofscience 7*, pp. 177-190.
15. da Costa, N.C.A., e French, S. [1995]: "Partial Structures and the Logic of Azande", *American Philosophical Quarterly 32*, pp. 325-339.
16. da Costa, N.C.A., e French, S. [1999]: *Partial Truth and Partial Structures: A Unita Account of Models in Scientific and Natural Reasoning*, manuscrito inédito, Universidade de São Paulo e Universidade de Leeds, em preparação.
17. French, S. [1997]: "Partiality, Pursuit and Practice", in Dalia Chiara *et al.* (eds.) [1997], pp. 3 5-52.
18. da Costa, N.C.A-, Bueno, O., e French, S. [1998]: "The Logic of Pragmatic Truth", *Journal of Philosophical Logic 27*, pp. 603-620.
19. Bueno, O. [1997]: "Empirical Adequacy: A Partial Structares Approach", *Studies in Histopy andphilosophy of Science 28*, pp. 585-610.
20. Bueno, O. [1999a]: "Empiricism, Conservativeness, and Quasi-Truth", *Philosophy of Science 66* (Proceedings), pp. S474-S485.

21. Bueno, O. [1999b]: "What is Structural Empiricism? Scientific Change in an Empiricist Setting", *Erkenntnis 50*, pp. 59-85.
22. Bueno, O., e de Souza, E. [1996]: "The Concept of Quasi-Truth", *Logique et Analyse 153-154*, pp. 183-199.
23. Bourbaki, N. [1950]: "The Architecture of Mathematics", *American Mathematical-Monthly 57*, pp. 231-242.
24. Bourbaki, N. [1968]: *Theory of Sets.* (Tradução da edição original publicada em francês em 1957) Boston, Mass.: Addison-Wesley.
25. Suppes, P. [1995]: *Set-Theoretical Structures in Science*, manuscrito inédito, Stanford University, a aparecer.
26. da Costa, N.C.A., e Chuaqui, R. [1988]: "On Suppes' Set Theoretical Predicates", *Erkenntnis 29*, pp. 95-112.
27. Tarski, A. [1954]: "Contributions to the Theory of Models 1", *Nederl. Akad. Wetensch. Proc. Ser. A 57*, pp. 572-581.
28. van Fraassen, B.C. [1991]: *Quantum Mechanics: An Empiricist View.* Oxford: Clarendon Press.
29 Heisenberg, W. [1958]: *Physics and Philosophy.* Londres: Allen & Unwin.
30. Schrodinger, E. [1952]: *Science and Humanism.* Cambridge: Cambridge University Press.
31. da Costa, N.C.A., e Krause, D. [1994]: "SchrMnger Logics", *Studia Logica 53*, pp. 533-550.
32. da Costa, N.C.A., e Krause, D. [1997]: "An Intensional Schrodinger Logic", *Notre Dame Journal of Formal Logic 38*, pp. 179-194.
33. Krause, D. [19921: "On a Quasi-Set Theory", *Notre Dame Journal of formal Logic 33*, pp. 402-41 1.
34. Krause, D. [1996]: "Axioms for Collections of Indistinguishable Objects", *Logique et Analyse 153-154*, pp. 69-93.
35. Popper, K.R. [1963]: *Conjectures and Refutations.* Londres: Routledge and Kegan Paul.
36. Nfiller. D. [1994]: *Critical Rationalism: A Restatement and Defence.* La Salle, Ill.: Open Court.
37. Dalia Chiara, M.L., Doets, K., Mundici, D., e van Bentham, J. (eds.) [1997]: *Structures and Norms in Science.* Dordrecht: Kluwer Acadenúc Publishers.
38. Fenstad, J.E., *et al.* (eds.) [1989]: *Logic, Methodology and Philosophy of Science J/711.* Elsevier Science Publishers.
39. French, S., e Kamminga, H. (eds.) [1993]: *Correspondence, Invariance and Heuristics: Essays in Honour of Heinz Post.* Dordrecht: Reidel. 29.
40. Mikenberg, I., da Costa, N.C.A., e Chuaqui, R. [1986]: "Pragmatic Truth and Approximation to Truth', *Journal of Symbolic Logic 51*, pp. 201-22 1.

Amelia Imperio Hamburger: Pensar com o Coração

Maria Lucia Caira Gitahy*

Departamento de História
Faculdade de Arquitetura e Urbanismo, USP

Na juventude interessamo-nos pelas grandes questões no interior das quais reside toda a alegria e a angústia do viver. Isto não é nada original. Um privilégio, este sim original, foi a oportunidade que tive de poder compartilhar estas grandes questões do "tempo de estudante", que viram bagagem de vida inteira, com Amelia, a quem todos tratam carinhosamente pelo diminutivo. As notícias do jornal, os pequenos e grandes acontecimentos que se alternam na vida quotidiana, a leitura dos clássicos, os questionamentos existenciais, tudo era tema para longas conversas em que se misturavam as diferenças culturais da vida em outros países, teatro, cinema, canções, as faces infinitas das cidades deste mundo, fotografias, quadros, cartas recebidas e enviadas, pessoas, atitudes e comportamentos concretos e vividos. Enfim, conversas em que o pensamento brotava como âncora da amizade e como atividade vital. Conversas ainda mais significativas, porque ocorriam em um momento em que a vida política e cultural do país eram cerceadas, na atmosfera pesada da primeira metade dos anos setenta.

Naquele período tão difícil para uma estudante de Ciências Sociais, Amelia Imperio Hamburger conversava comigo sobre a produção da ciência e seu papel na cultura e na sociedade, a pesquisa como opção de vida, a natureza do conhecimento científico, suas diferenças com outras formas de conhecimento, a dificuldade de posicionar-se social e politicamente, a complexidade do mundo no feminino, as relações que enquanto seres humanos estabelecemos com o planeta e com o resto do universo. Sempre me sensibilizou a afetividade e a simplicidade com que mobilizava toda sua competência profissional, experiência, e prática de décadas como cientista e professora da Universidade de São Paulo, para conversar longamente comigo (assim como com seus estudantes, e com qualquer ser humano que dela se aproximasse) com o mesmo inabalável respeito e interesse.

Sempre discutiu, pensou, argumentou com a mente e o coração abertos, cultivando um pensamento sem fronteiras. Longe dela os traços que tão profundamente têm marcado nossa cultura material e intelectual, o autoritarismo, o paternalismo, o clientelismo. Longe dela os vícios acadêmicos mais comuns, a arrogância, a estreiteza, o carreirismo. Ensinou sempre, em todas as ocasiões que a vida apresentou-lhe para isto, na Universidade ou fora dela, da forma mais desinteressada. Ainda naqueles difíceis anos setenta, cheguei a levá-la à periferia de Campinas, no contexto do movimento de educação popular, para uma palestra sobre uma questão ambiental, a poluição do ar nas grandes metrópoles, inclusive naquele bairro. Tudo valia pelo esforço de democratizar o conhecimento, abrir as portas do pensamento, sob todas as suas formas criativas, para quantos conseguíssemos.

Talvez sua principal característica seja esta: seu pensamento sempre foi livre. Mesmo em tempos em que o preço desta liberdade foi muito caro, ela não hesitou em pagá-lo. Na sua própria juventude, sendo mulher, não hesitou em tornar-se física. Tornando-se física, não hesitou em casar e ter cinco filhos. Na maturidade, sendo cientista não se omitiu politicamente. Sendo professora de física experiente contribuiu com a história da ciência, psicologia, filosofia. Sempre interessou-se por arte, política, música, história, arquitetura. Viveu e estudou no estrangeiro, onde pós-graduou-se. Cultivou o espírito universitário e, por que não dizê-lo, universal. Tudo isto demandou enorme energia física e intelectual, uma incansável generosidade e coragem pessoal.

No dia seguinte a minha defesa de doutorado, retornei dos Estados Unidos, e encontrei o abraço caloroso da Amelinha, que me cumprimentou sabiamente: *"Esta sua vitória pertence a todas nós."* É esta sabedoria feminina de lembrar o quanto é coletiva cada conquista individual, que aprecio nela. Com um cumprimento afetivo, fez-me pensar que nós doutoras de hoje apoiamo-nos nos ombros daquelas que talvez com ainda maior esforço abriram as portas da universidade às mulheres. E pensar também como os nossos atos cotidianos constróem, no presente, o terreno em que a próxima geração de mulheres partirá para suas lutas.

O pensamento e a amizade de Amélia influenciaram minha própria formação, de diferentes maneiras: o compromisso com a criação de conhecimento não só na pesquisa e no ensino, mas também no convívio diário dentro e fora da universidade; a importância do trabalho de recuperação das vozes silenciadas; o pensamento como forma de ultrapassar fronteiras de todos os tipos; a relatividade do tão decantado "fosso" entre as chamadas humanidades e as ciências, que tanto empobrece nossa cultura comum. Ciência, arte, história, diferentes representações culturais humanas. São as relações entre elas e as que mantém com a vida como um todo que me intrigam até hoje. Não só a mim, mas a todos nós do Departamento de História da FAU-USP, com o qual Amélia tem uma longa trajetória de relacionamento que, felizmente para nós, continua no presente.

Amelia Imperio Hamburger encontra-se entre as cientistas pioneiras da Universidade de São Paulo, uma instituição que foi ela própria pioneira no seu gênero no Brasil. Foram quarenta anos de trabalho e vida acadêmica na USP. Houve momentos em que a USP, de alguma forma, defendeu Amélia. Hoje desejo que Amélia continue, como sempre, a defender a USP. Precisamos de suas práticas generosas e de seu pensamento aberto, desinteressado, qualitativo no melhor sentido da palavra. No ritmo atropelado do presente, entre os sustos da competição por produtividade baseada em toda uma numerologia de citações internacionais, parâmetros de impacto e outros índices de resultados acadêmicos, muitas vezes acabamos esquecendo o objetivo maior (e repetido até o esvaziamento) de toda esta azáfama: o conhecimento humano qualitativo, profundo, aquele que tem uma dimensão vital.

A despeito da importância das contribuições individuais, este pensamento é construído de forma coletiva. É ele que se alimenta da maior riqueza humana e diversidade vivencial de que formos capazes. É este que deixamos no mundo para as próximas gerações sob diversas formas, como o melhor de nós mesmos. Foi minha filha Julia, agora ela própria uma estudante de ciências sociais, quem colocou sob os meus olhos um trecho de um ensaio recente denominado *Entre Árvores e Esquecimentos* de Vítor Leonardi. O autor recorda o conhecido relato sobre o chefe dos índios Pueblo, cujo nome era Ochwiay Biano,

"que achava que os brancos eram loucos, uma vez que afirmavam que pensavam com suas cabeças, quando era bem sabido que só os loucos procediam assim. Essa afirmação do chefe dos Pueblo de tal maneira me surpreendeu que eu lhe perguntei como ele pensava. Respondeu-me que ele, naturalmente, pensava com seu coração."[*]

Amelia, com aquele rigor matemático e capacidade de abstração teórica que sua formação em física lhe conferiu e seus estudos em outras áreas ampliaram, continua pensando com o coração. Vida longa, Amelinha, na arte e na ciência do dia a dia, no calor da amizade de todos nós, parabéns por tantas realizações!

---

[*] Apud Leonardi, Victor. *Entre Árvores e Esquecimentos. História Social nos sertões do Brasil.* Brasília, Paralelo 15 Editores, 1996: 358-359.

L'unification des Forces en Physique: Les Premières Tentatives

J. Leite Lopes

Centro Brasileiro de Pesquisas Físicas, CBPF, Rio de Janeiro

Les hommes de science qui prennent une part active dans les recherches de frontière de leur spécialité savent bien que les grandes découvertes ne sont pas que le résultat de travaux de chercheurs à une époque donnée - elles sont plutôt une conséquence de travaux effectués quelques années avant leur éclosion. Beaucoup plus tard, aprés des décennies et des siècles, ce qui reste, en histoire de la science, c'est la découverte associée au nom d'un ou de quelques scientifiques; les contributions importantes qui les ont précédées, sont laissées de côté, oubliées. Il est clair que l'homme de génie est celui qui voit dans l'assembleé des ideés qui se discutent à une époque donnée celles qui débouchent dans une nouvelle conception - et il la met en lumière et la developpe - ouvrant des nouveaux horizons dans son domaine. P.A.M. Dirac[1] a exprimé cette façon de voir l'histoire de la science d'une façon précise. *"When one looks over the development of physics, one sees that it can be pictured as a rather steady development with many small steps and superposed on that a number of big jumps. Of course, it is these big jumps which are the most interesting features of this development. The background of steady development is largely logical, people are working out the ideas which follow the previous set-up according to standard methods. But then when we have a big jump, it means that something entirely new has to be introduced. These big jumps usually consist in overcoming a prejudice."*

Néanmoins, la tendance moderne des historiens de la science semble être de montrer que chaque phase historique regardée comme essentiellement différente de phases précédentes n'était en realité que le résultat de l'action continue de grandes forces sousjacentes agissant continuellement.

"Le vieux style" affirme Stillman Drake[2], *était de montrer chaque scientifique pionnier comme un révolutionnaire, qui reconnaissait sa dette au passé aussi peu que possible et qui soulignait la nouveauté de son travail autant que possible. Le style actuel est d'attribuer sa pensée autant que possible à ses predecesseurs et de lui accorder sa propre originalité aussi peu que possible"*. C'est un style que Drake veut complétér par une étude approfondie de la vie des auteurs de grandes découvertes.

Pour bien comprendre l'histoire de la théorie des champs de jauge unifiés il faut remonter au fameaux papier de Enrico Fermi[3], de 1934, sur une tentative de théorie des rayons beta.

Ce fut la première application importante des idées qui venaient d'être developpées en électrodynamique quantique, notamment par P.A.M. Dirac, W. Heisenberg, W. Pauli, P. Jordan, E.P. Wigner et par Fermi lui même[4]. Dans l'article de Fermi il affirme que, d'après la théorie du rayonnement électromagnétique, le nombre de photons dans un système n'est pas constant; les photons sont créés lorsqu'ils sont émis par un atome, ils disparaissent lorsq'ils sont absorbés. Ainsi dans sa théorie de la désintegration beta il postule que *"le nombre d'electrons aussi bien que celui de neutrinos n'est pas necessairement constant. Electrons (ou neutrinos) peuvent être créés ou détruits"*. Le noyau étant regardé comme constitué de protons et neutrons[5], Fermi dit que l'hamiltonien doit être exprimé en fonction des variables des nucleons et des leptons et choisi de telle façon que chaque transition d'un neutron dans un proton doit être associeé avec la création d'un electron et d'un neutrino (aujord'hui, on le sait, c'est l'anti-neutrino qui accompagne l'electron dans des réactions où le nombre leptonique est nul).

La préoccupation de Fermi était de décrire les experiences sur le rayons beta émis par les noyaux et par conséquent sa théorie avait pour but de décrire des electrons et des neutrinos créés et qui se propagent librement comme les photons dans l'émission de la lumièrè. Il a donc remplacé le champ electromagnétique $A_\mu(x)$ dans le lagrangéen d'interaction de ce champ avec le courant électromagnetique

$$J^\mu(x) = \overline{\Psi}(x)\gamma^\mu \Psi(x),$$

à savoir,

$$L_\gamma = e\left(\overline{\Psi}(x)\gamma^\mu \Psi(x)\right) A_\mu(x),$$

par l'expression qui décrit la création d'un électron et d'un anti-neutrino - le courant faible chargé leptonique de la famille electron - à savoir $\bar{e}(x)\gamma_\mu \nu(x)$. Ainsi donc si $G/\sqrt{2}$ est la constante qui remplace dans cette théorie la charge e et qui exprime l'intensité des interactions faibles, Fermi a postulé le lagrangean de sa théorie des rayons β,

$$L_W = \frac{G}{\sqrt{2}}\left(\bar{p}(x)\gamma^\mu n(x)\right)\left(\bar{e}(x)\gamma_\mu \nu(x)\right).$$

L'analogie avec l'électrodynamique l'a incité à choisir l'interaction vectorielle.

En même temps que Fermi, F. Perrin[6] publiait également son article sur le même sujet, en suggerant essentiellement les mêmes idées. Plusieurs auteurs[7] ont, juste après la publication du papier de Fermi, étudié la possibilité que les paires electron-anti-neutrino, échangées entre un neutron et un proton, donneraient lieu à une interaction neutron-proton, similaire à l'interaction électromagnétique entre les corpuscules chargées qui est décrite par un échange de photons (virtuels) entre ces corpuscules. Cette conception néanmoins ne conduit pas à une description de l'interaction forte entre un neutron et un proton tout d'abord parce que l'interaction ainsi consideréé serait trop faible. Ce fut alors en 1935 que H. Yukawa[8] introduisit l'idée d'un boson intermédiaire, qui devrait être échangé entre les nucleons et qui engendrerait ainsi l'interaction nucléaire. Yukawa determina l'ordre de grandeur de la masse de ce boson en prenant en compte la portée des forces nucléaires. À cette epoque là on évitait d'introduire de nouvelles particules hypothétiques, c'est pourquoi le papier de Yukawa ne commença à etre étudié qu'aprés la découverte de particules avec cette masse dans la radiation cosmique par S.H. Neddermeyer et C.D. Anderson[9]. Il s'avera plus tard[10], que les particules de Yukawa sont les pions, avec spin zero, tandis que les particules de Anderson et Neddemeyer sont les muons avec spin . Yukawa voulait que sa theorie fût capable de décrire aussi bien les interactions nucléaires que les interactions faibles - le boson negatif de Yukawa, émis par un neutron dévrait ensuite se désintegrer dans un electron et un anti-neutrino. Cette conception unifieé ne put pas être maintenue[11].

Le manque de connaissance de la forme géométrique précise des interactions faibles empecha pendant longtemps la considération de bosons intermédiaires comme les véhicules de ces interactions. Ce ne fut que par les papiers de E.G.C. Sudarshan et R.E. Marshak, d'une part, et de R.P. Feynman et M. Gell-Mann, d'autre part - et aussi de J. Sakurai[12] - que la forme de l'interaction faible fut découverte comme une combinaison des formes vectorielle V et axiale A, à savoir, V-A. Dans leur article Feynman et Gell-Mann disent:

> *"Nous avons adopté le point de vue selon lequel toutes les interactions faibles resultent de l'interaction d'un courant J_μ avec lui-même, possiblement par l'intermédiaire de mesons vectoriels de masse large".*

Ainsi l'ideé de bosons vectoriels intermédiaires dans les interactions de Fermi s'est montrée possible malgré les difficultés de ce modèle: comme dans l'année 1958 on ne savait pas de l'existence de neutrinos muoniques, différents des neutrinos électroniques, G. Feinberg[13] a indiqué que l'absence de la desintégration radiative du muon, $\mu \rightarrow e + \gamma$, est incompatible avec la théorie des bosons vectoriels intermédiaires.

En cette même année de 1958, en lisant l'article de Feynman et Gell-Mann j'ai tout de suite eu le sentiment que si les interactions faibles etaient dues à l'échange de bosons vectoriels intermédiaires, elles devraient être intimement relationnées avec les interactions électromagnétiques, transmises par des photons qui sont eux aussi des particules vectorielles. Une idée d'unification, je l'ai proposée[14] en admettant que l'intensité des interactions électromagnétiques e avec les courants chargés est égale à celle des interactions faibles avec les courants correspondants, g, une idée qui est implicite dans cette égalité, et dans la même nature géometrique des photons et des bosons intermédiaires. Si l'on remplace g par e dans la rélation entre la constante de Fermi G et la masse de ces bosons, m_w, on obtient une valeur de cette masse de l'ordre de 60 fois la masse du proton. C'était la prémière fois qu'on donnait une valeur de l'ordre de grandeur de la valeur de la masse m_w - deux années plus tard, T.D. Lee et C.N. Yang[15] indiquaient simplement que m_w devrait être superieure à m_k, la masse du kaon, afin de justifier l'absence de la désintégration radiative $K^\pm \rightarrow W^\pm + \gamma$. Et d'après Pontecorvo[16] *"in 1959 the intermediate boson (without serious reasons) was supposed to have a mass of a few GeV"*. Plus tard, en 1971, par des considerations d'algèbre des courants, T.D. Lee[17] proposa une évaluation de la masse m_w, en arrivant à une rélation de la forme $e = 2\sqrt{2}\ g$. L'algèbre des courants et le postulat d'un lagrangéen avec la même forme pour les interactions faibles et pour les interactions électromagnétiques conduisent à une relation[8]

$$e = \frac{2\eta}{\sqrt{2}}\ g$$

où η est un facteur numérique. Selon les valeurs de η on obtient l'egalité $e = g$ ou la rélation de Lee, $\eta = 2$, ou la rélation de Weinberg, $\eta = (2)^{1/2}/2\ \sin\theta_w$, où θ_w est l'angle de Weinberg. C'est la dernière formule celle qui est predite par le modèle standard et qui est d'accord avec l'expérience[19].

La valeur de la masse des bosons vectoriels intermédiaires posait le problème suivant: comment considerer les photons et les bosons W comme membres d'un multiplet s'il y a une telle difference de masse entre eux? C'est le même problème qui se pose formellement lorsqu'on décrit ces bosons par des champs de Yang-Mills dans une théorie avec invariance de jauge. Cette invariance exige pour ces champs, comme pour le champ électromagnétique, une masse nulle, ce qui n'est pas compatible avec l'estimation de masse ci-dessus - et ce problème, comme on le sait, n'a été résolu que par la découverte du mécanisme de Higgs[27].

Une fois qu'on devrait prendre au serieux l'idée que les intéractions faibles étaient dues à un echange de bosons vectoriels comme je l'ai proposé dans mon article de 1958, la question apparaissait de savoir s'il n'existerait pas également des intéractions faibles dues à un échange de bosons vectoriels neutres. On savait, en théorie du champ mesonique des forces nucléaires, de l'existence de pions neutres et surtout que l'invariance du lagrangéen par rapport au groupe $SU(2)$ entraine la même forme et la même intensité, pour les interactions au moyen de pions chargés comme pour celles mettant en jeu des pions neutres. J'ai alors proposé un modèle en postulant l'existence des bosons vectoriels intermédiaires chargés et neutres; pour éliminer des transitions non-obseveés l'hypothèse a été faite que le courant vectoriel neutre devrait être conservé - et la théorie serait alors dependente de charge (à la difference du cas pionique). Comment verifier experimentalement l'existence des possibles bosons vectoriels neutres? Puisque des faisceaux de neutrinos n'étaient pas encore realisés experimentalement, j'ai suggeré[14] que l'étude de la diffusion de neutrons par des électrons pourrait donner une indication de l'existence d'une interaction faible de courants neutres. Les bosons neutres Z, comme on le sait, étaient aussi prédits neuf ans plus tard par Steve Weinberg[20] et le modèle standard donne une valeur pour les masses m_w et m_z en accord avec les mésures au laboratoire[21].

Les papiers de J. Schwinger et de S. Bludman[22] ont introduit la conception selon laquelle les interactions faibles comme les interactions électromagnétiques devraient obeir à un principe d'invariance par rapport à un groupe local de symétrie. En particulier, Bludman introduisit les interactions mettant en jeu les courants neutres faibles. Sheldon Glashow aussi bien que A. Salam et J. Ward[23] ont également proposés des tentatives d'unification des interactions faibles et electromagnétiques et les courants neutres qu'ils ont introduit avaient des propriétés communes avec celles du modèle standard. Comme l'experience jusqu'à l'année 1971 n'avait pas encore indiqué l'existence des courants faibles neutres, Georgi et Glashow[23] ont proposé un modèle ingénieux, basé sur la symétrie $SU(2)$, selon lequel les champs de jauge seraient les champs électromagnetiques et ceux qui correspondent aux bosons bectoriels chargés. Les deux articles qui ont finalement établi les bases du modèle standard basé sur le groupe $SU(2) \otimes U(1)$ sont. ceux de Weinberg[20] en 1967 et de Salam[24] en 1968. La difficulté de la génération de la masse des bosons chargés et neutre, comme on le sait, a été resolue par la notion de symetrie spontanément brisée qui a donnéé lieu au mécanisme de Higgs[25]. Et la théorie s'est reveleé, comme l'a antecipé Weinberg, renormalizable[26].

Ainsi, si le développement du modèle standard d'unification des forces faibles et électromagnétique est dû aux travaux de Weinberg, Glashow et Salam, il est également vrai que certaines tentatives qui les précéderent ont contribué à dévoiler les idées fondamentales de cette belle théorie.

J'aimerais dédier cet article à Amelia Imperio Hamburger, à l'occasion de son 65eme anniversaire. Amelia, que j'ai le privilège de connaître depuis plusieurs décennies, nous a toujours inspiré dans nos discussions sur la physique nucléaire aussi bien que sur l'historie et l'epistémologie de la physique. Avec les forces de sa beauté et de son intelligence je garde avec joie les meilleurs souvenirs des moments que nous avons vécu ensemble dans nos réunions et séminaires.

Références

1. P.A.M. Dirac, in J. Mehra, ed., *The Physicist's Conception of Nature*, D. Reidel Publ. Co., Dordrecht, 1973. p. 10.
2. S. Drake, *Galileo Studies, Personality, Tradition and Revolution*, The University of Michigan Press, An Arbor, 1970.
3. E. Fermi, *Zeit. f. Phys.* 88, 161 (1934).
4. Voir J. Schwinger, *Quantum Electrodynamics*.
5. D. Iwanenko, *C.R. Acad. Sci. Paris* 195, 439 (1932); W. Heisenberg, *Zeit. f. Phys.* 77, 1 (1932).
6. F. Perrin, *C.R. Acad. Sci. Paris* **197**, 1625 (1933).
7. I.G. Tamm, *Nature* (London) **133**, 982 (1934); D. Iwanenko, *Nature* (London) 133, 981 (1934); G.C. Wick, *Rend. Lincei* **21**, 170 (1935).
8. H. Yukawa, *Proc. Phys. Math. Soc. Japan* 17, 48 (1935).
9. C.D. Anderson et S.H. Nedderneyer, *Phys. Rev.* 51, 884 (1937).
10. O. Piccioni, in "Colloque International sur l'Histoire de la Physique des Particules", *Journ. de Physique*, Tome 43, Colloque C8, C8-207 (1982); C.M.G. Lattes, G.P.S. Occhialini et C.F. Powell, *Nature* 160, 453 (1947).
11. M. Ruderman et R. Finkelstein, *Phys. Rev.* 76, 1458 (1949); J. Leite Lopes, *Phys. Rev.* 109, 509 (1958).

12. E.G.C. Sudarshan et R.E. Marshak, *Proc. Padua Conf. on Mesons and Recently Discovered Particles*, v. 14 (1957); R.P. Feynman et M. Gell-Mann, *Phys. Rev.* **109**, 193 (1958); J. Sakurai, *Nuovo Cimento Z*, 649 (1958).
13. G. Feinberg, *Phys. Rev.* 110, 1482 (1958).
14. J. Leite Lopes, *Nucl. Phys.* 8, 234 (1958).
15. T.D. Lee et C.N. Yang, *Phys. Rev.* **119**, 1410 (1960); voir C.N. Yang, *Selected Papers with Commentary*, W.H. Freeman, San Francisco, 1983.
16. B. Pontecorvo, in "Colloque International sur l'Histoire de la Physique des Particules", *Journ. de Physique*, Tome 43, Colloque C8, C8-221 (1982).
17. T.D. Lee, *Phys. Rev.* 26, 801 (1971).
18. J. Leite Lopes, in Enz/Mehra, eds., *Physical Reality and Mathematical Description*, D. Reidel Publ. Co., Dordrecht, 1974. p. 403.
19. P. Musset et J.P. Vialle, *Phys. Rep.* 39C, 1 (1978).
20. S. Weinberg, *Phys. Rev.* 19, 1264 (1967).
21. UA1 Collaboration CERN, *Phys. Letters* 126, 398 (1983); **135**, 250 (1983); UA2 Collaboration CERN, *Phys. Letters* B129, 130 (1983).
22. J. Schwinger, *Ann. Phys.* **2**, 407 (1957); S. Bludman, *Nuovo Cimento* **9**, 433 (1958).
23. S. Glashow, *Nucl. Phys.* 22, 579 (1961); A. Salam et J. Ward, *Phys. Letters* **13**, 168 (1964).
24. A. Salam, in Swartholm, ed., *Nobel Symposium*, Almqvist and Wiksell, Stockholm, 1968.
25. Les contributions sur la brisure spontánee de symétrie furent essentielles à la théorie: J. Goldstone, *Nuovo Cimento* **19**, 154 (1961); P.W. Higgs, *Phys. Lett.* 12, 132 (1964); F. Englert and R. Brout, *Phys. Rev. Lett.* 13, 321 (1964); G.S. Guralnik, C.R. Hagen and T.W. Kibble, *Phys. Rev. Lett.* 13, 585 (1965).
26. G'. t Hooft, *Nucl. Phys.* B33, 173 (1971).

A Probabilidade no Início das Pesquisas de Boltzmann sobre a 2ª Lei da Termodinâmica (1866)

Katya Margareth Aurani

1. Introdução

O primeiro artigo de Ludwig Boltzmann relacionando a segunda lei da Termodinâmica e o atomismo, "Sobre a interpretação mecânica da segunda lei da teoria do calor", foi publicado em 1866[1]. Nele, Boltzmann apresenta algumas idéias fundamentais para o desenvolvimento de sua linha de pesquisa sobre a segunda lei. Entre seus achados estão o teorema H (1872), o conceito de probabilidade de estado e sua relação com o conceito estatístico de entropia (1877)[*]. No final do artigo de 1866, Boltzmann deduz uma relação entre a segunda lei e o princípio de mínima ação da Mecânica, aplicando o cálculo variacional à trajetória do átomo[1,2].

No presente artigo, pretendemos nos deter na definição de temperatura utilizada por Boltzmann e em sua relação com o movimento dos átomos, analisando o papel que cabe à probabilidade nesses desenvolvimentos. Uma questão que se coloca a partir dos trabalhos de Boltzmann sobre a segunda lei é se ele tinha o objetivo de reduzi-la à Mecânica, tornando-a uma lei derivada dos princípios da Mecânica.

Analisando a maneira como Boltzmann utiliza a Termodinâmica e a probabilidade no artigo de 1866, chegamos a uma outra conclusão com respeito a essa questão. A Termodinâmica aparece nos desenvolvimentos de Boltzmann como ciência fundamental, enquanto a probabilidade é utilizada para permitir a descrição mecânica do movimento atômico. É isso que pretendemos mostrar nas seções seguintes.

---

[*] A análise desses resultados de Boltzmann a partir de seus artigos originais foi feita em minha tese de doutoramento na área de epistemologia e história da ciência com a orientação do prof. Michel Paty[2]. Para a realização dessa tese foi muito importante o apoio da Profa. Amelia Império Hamburger, com a qual pude contar desde a realização do mestrado[3], feito sob sua orientação. Gostaria de ver expressos meus agradecimentos a ela nessa oportunidade.

2. A Temperatura Como Conceito Fundamental

No início de seu artigo de 1866, Boltzmann expressa seu propósito da seguinte forma:

Já há muito tempo a identidade entre a primeira lei da teoria mecânica do calor e o princípio das forças-vivas é conhecida; ao contrário, a 2ª lei ocupa uma posição particularmente excepcional, e em nenhum caso sua demonstração foi seguramente feita de maneira clara e direta.
É o objetivo desse artigo estabelecer uma prova geral e puramente analítica da 2ª lei, do mesmo modo que encontrar o teorema que corresponde a ela na Mecânica[1].

Esse pensamento de Boltzmann não põe em questão a validade da segunda lei enquanto princípio fundamental. Boltzmann simplesmente expressa a intenção de desenvolver uma demonstração de natureza teórica da segunda lei.

Também no início do artigo, refletindo sobre o conceito de temperatura, ele diz buscar uma definição "rigorosa" e que possa alcançar a "unanimidade" ("mit Schärfe und Einstimmigkeit")[1].

Podemos procurar entender essa preocupação de Boltzmann no contexto de suas pesquisas sobre o atomismo. Não se tratava de questionar o caráter fundamental do conceito de temperatura; era em função de suas investigações sobre o movimento do átomo que Boltzmann se preocupava com o rigor e a unanimidade, sobretudo devido às críticas que os seus trabalhos poderiam sofrer por parte dos energeticistas.

Na teorização que Boltzmann pretende desenvolver, ele vai utilizar três definições de temperatura, tentando manter a coerência entre elas para chegar a conclusões sobre o movimento do átomo. A temperatura aparece nesse artigo: 1) considerada em relação ao equilíbrio térmico, 2) como na teoria cinética, considerada em relação à média da força-viva dos átomos, e, 3) finalmente, como fator de integração da quantidade de calor nos processos termodinâmicos reversíveis.

Boltzmann parte do que ele chama de "definição experimental" de temperatura, que é a do equilíbrio térmico entre dois corpos macroscópicos. Trata-se de analisar a troca de energia entre os átomos, utilizando as condições macroscópicas do equilíbrio térmico como instrumento:

A primeira definição de temperatura, e também a mais precisa, é que se um corpo qualquer esteve em contato com um outro à mesma temperatura, os dois corpos não podem comunicar calor entre eles, logo força-viva do movimento dos átomos, e nós devemos procurar as condições necessárias a este equilíbrio do calor.[1]

Utilizando as definições termodinâmicas aplicadas aos corpos macroscópicos, assim como as leis da Mecânica aplicadas aos pontos materiais, Boltzmann busca estabelecer a relação entre as trocas de energia ao nível macroscópico e microscópico. O conceito de temperatura, ligado ao comportamento dos corpos macroscópicos, serve para estabelecer os fundamentos do raciocínio sobre os átomos. Não se trata então de uma redução dos conceitos macroscópicos aos conceitos microscópicos, mas de uma extensão cuidadosamente efetuada da validade dos princípios da Mecânica e da Termodinâmica ao domínio microscópico.

Na tentativa de relacionar a temperatura ao movimento dos átomos, Boltzmann vai tratar a troca de energia entre dois corpos através de colisões entre seus átomos. A temperatura aparece aqui em seu segundo sentido, definida como uma média temporal relacionada ao movimento de cada átomo; trata-se então de dar um significado, por meio de médias, à variação das grandezas do movimento dos pontos materiais, baseando-se na temperatura enquanto grandeza macroscópica.

Em seguida, faremos a análise dos desenvolvimentos de Boltzmann nesse artigo, quando ele propõe relacionar a temperatura ao movimento dos átomos, como uma média no tempo; tentaremos nessa análise evidenciar os elementos do novo enfoque e da nova matematização desenvolvida por Boltzmann em seus trabalhos.

3. O Enfoque Probabilista de Boltzmann

A fim de estabelecer as condições necessárias para o equilíbrio térmico ao nível microscópico, Boltzmann considera os átomos como pontos materiais, analisando as colisões entre dois átomos, cada um pertencente a um dos corpos em contacto:

> Tratemos agora mais particularmente da troca de energia de um átomo de massa m e velocidade v pertencente ao primeiro corpo, e de um átomo de massa M e velocidade V pertencente ao segundo corpo em consideração. Nós vamos supor as velocidades dos outros corpos já escolhidas de forma que em média eles não tirem nem dêem força-viva aos átomos m e M, e de sorte que a projeção do movimento progressivo do centro de massa desses dois átomos numa direção qualquer não é alterada pelos outros átomos, o que deve acontecer de fato quando uma estabilidade dos estados dos dois corpos existe no sentido no qual falamos... Procuremos agora a condição para que o átomo m em média não receba força-viva de M, e para que entre eles também seja estabelecido o equilíbrio térmico[1].

Nesse raciocínio de Boltzmann sobre as variações médias das grandezas mecânicas das partículas em colisão, ele considera separadamente as variações de força-viva provocadas somente pela ação de m sobre M, ou vice-versa, e as variações provocadas no movimento de m e M pelo resto dos átomos. Nos dois casos entretanto, a variação de força-viva , e consequentemente a média, diz respeito a uma só partícula, o que lhe permitirá, no fim de seus cálculos, ligar a temperatura à força-viva média de cada partícula no tempo. Isso difere do procedimento convencional na teoria cinética dos gases, onde se estabelecem as médias das grandezas entre os valores do conjunto de partículas. Na medida em que Boltzmann desenvolve o tratamento dos sistemas de grande número de partículas pela análise do comportamento de uma única partícula, supondo que esse comportamento seja válido para qualquer partícula, é que podemos falar de um enfoque probabilista do equilíbrio térmico.

Procedendo à análise de uma única partícula de cada corpo, Boltzmann não supõe que as partículas possam ser identificadas, mas, ao contrário, isso se faz já supondo uma identidade das partículas em relação aos seus comportamentos médios. Essa identidade é para ele a condição que permite analisar o equilíbrio térmico. No enfoque de Boltzmann não se pode distinguir as partículas por seus comportamentos médios. Essa identidade permite constituir os pontos materiais enquanto conjunto e conceber a definição de temperatura enquanto grandeza macroscópica a partir da representação mecânica dos pontos materiais.

Em seguida, Boltzmann faz a análise da colisão entre duas partículas segundo as leis da mecânica da conservação de energia e quantidade de movimento. A energia cinética trocada entre as duas partículas torna-se uma função dos valores e das direções das velocidades iniciais. Ele faz então uma observação sobre o caráter "irregular" do movimento dos átomos, que não permite estabelecer nenhuma relação teórica entre as direções das velocidades das partículas em colisão:

...evidentemente, por causa da multiplicidade de forças que agem sobre m, e do caráter arbitrário das direções do movimento dos átomos (pois não se trata de movimentos regulares, já que tais movimentos se propagariam segundo leis diferentes dependendo de sua natureza), nenhuma relação determinada subsiste entre esses ângulos [*] [1].

Nessa observação, Boltzmann põe em evidência a variação irregular do movimento devido à multiplicidade das forças que agem sobre as partículas. O que está em questão é a possibilidade de existência de uma lei de regularidade do movimento, e não a determinação das forças que agem sobre as partículas. Em seu raciocínio, é a variedade das forças que ele considera, e não a estimativa de seus valores individuais, para justificar a irregularidade dos movimentos das partículas.

Assim, a indeterminação do movimento microscópico não aparece em Boltzmann como falta de precisão na observação do infinitamente pequeno. Ela também não deriva de uma dificuldade de cálculo frente ao grande número de partículas. A indeterminação aparece no raciocínio de Boltzmann em função do caráter particularmente irregular das variações, impedindo qualquer repetição e não permitindo a subsistência de relações constantes entre as variáveis.

Vemos, portanto, que para Boltzmann o grande número de colisões implica uma condição inicial acerca da irregularidade das velocidades tomada como um dado do problema. Admitindo essa condição, ele concebe individualmente o movimento das partículas através de uma combinação de causalidade e indeterminação. Ele matematiza então a lei do movimento da partícula individual, sem suposição de repetição das variações. É para isso que ele precisou de um enfoque probabilista.

---

[*] Os ângulos em questão definem as direções das velocidades em relação ao sistema de coordenadas, antes das colisões.

4. Probabilidade e Tempo no Tratamento da Irregularidade do Movimento Atômico

Boltzmann vai raciocinar em termos de probabilidade frente à natureza irregular do movimento atômico, de modo a estabelecer a média temporal da troca de energia entre duas partículas.

Ele parte do resultado obtido por meio das leis da mecânica, para a força-viva média trocada na colisão entre duas partículas, como sendo função dos valores e das direções iniciais das velocidades.

Inicialmente, ele calcula a troca de força-viva média, considerando as direções possíveis das velocidades das partículas em colisão. Ele observa então que é preciso supor que todas as direções do espaço sejam igualmente prováveis enquanto direções das velocidades das partículas antes das colisões, o que ele considera uma "hipótese apropriada" ao fenômeno em questão:

A hipótese apropriada será unicamente que, com relação a uma direção de referência G, cada direção arbitrária do espaço é igualmente provável para as velocidades v e V.[1]

A hipótese da equiprobabilidade das direções das velocidades antes das colisões das partículas parece-lhe justificada pelo fato dos movimentos serem muito irregulares, não permitindo a existência de relações regulares entre essas direções.

Observamos que Boltzmann apresentou essa hipótese antes de realizar o cálculo da média. Isso nos permite ver que a probabilidade para Boltzmann não se reduz a um simples algoritmo de cálculo aproximativo. Ela é utilizada já ao nível das hipóteses que permitem o tratamento matemático do fenômeno. Por outro lado, observamos que esse raciocínio de Boltzmann é devido à impossibilidade de definir uma regularidade entre as direções de velocidade, que a probabilidade é utilizada em seus raciocínios. Esse caráter da utilização da probabilidade por Boltzmann, ao nível do raciocínio concernente à adequação da descrição matemática dos fenômenos, e não aos cálculos propriamente dito, permite-nos ver a probabilidade como matematização dos fenômenos, como discutiremos a seguir.

A média da energia trocada entre as partículas em relação às direções possíveis de suas velocidades no espaço torna-se então uma função da diferença de força-viva existente entre as partículas antes das colisões.

A fim de analisar as contribuições das mudanças irregulares dos valores de velocidade no tempo para a média temporal da energia cinética, Boltzmann considera os instantes entre as colisões consecutivas, perguntando-se sobre a freqüência das velocidades de uma partícula nesses instantes. A probabilidade aparece de novo em seus raciocínios para relacionar a freqüência desses valores de velocidade, que eu chamarei instantâneos, à proporção de tempo em que cada partícula conserva a mesma velocidade:

Os instantes nos quais o primeiro dos processos em questão acabou e o segundo começa, ou, o segundo termina, e o terceiro começa, etc., correspondentes a cada valor de

$$\frac{mv^2}{2} + \frac{MV^2}{2}$$

assim que a cada velocidade, e a cada direção de velocidade do centro de massa dos dois átomos, pelos quais nós podemos sempre caracterizar o começo dos processos, são em geral distribuídos de uma tal maneira que no decorrer do tempo global, uma velocidade é tanto mais freqüentemente atingida com relação a esse momento, quanto mais freqüentemente ela aparece, e quanto mais longo tempo ela permanece no movimento, ou inversamente. As diferentes velocidades resultam do fato que a força-viva é tanto mais comunicada irregularmente ao átomo, tanto ela é de novo retirada dele, e a proporção de tempo em relação ao tempo global segundo a qual uma velocidade determinada se mantém será tanto maior, quanto mais processos existem em que ela retorna.[1]

O raciocínio probabilista de Boltzmann permite descrever a variação das velocidades do movimento de cada partícula a partir das freqüências nos instantes entre as colisões, de modo que quando um valor é mais freqüente nesses instantes esse valor deve também permanecer durante um tempo mais longo no movimento da partícula.

Observemos que todo o problema reside em poder relacionar os valores instantâneos das velocidades de modo a estabelecer uma descrição do movimento das partículas no tempo. Boltzmann, por seu raciocínio, não busca resultados aproximativos sobre o movimento das partículas, mas sim descrever mais convenientemente a irregularidade desses movimentos. A probabilidade, além de simples cálculo aproximativo, serve para estabelecer relações quantitativas entre a seqüência irregular de velocidades e o tempo. Nesse sentido, consideramos que ela se apresenta em Boltzmann como **matematização**.

Assim, o que Boltzmann põe em questão em seu enfoque probabilista é a adequação da descrição matemática frente ao fenômeno. Essa nova matematização, que permitiu descrever uma grandeza mecânica se sucedendo no tempo sem suposição de uma lei de regularidade, permitiu a emergência de um novo elemento na Física, que identificamos como a **descontinuidade** das grandezas mecânicas características do movimento. Essa descontinuidade é entendida aqui como uma maneira nova de conceber o movimento, isto é, sem suposição de uma regularidade nas variações de velocidade.

5. A Temperatura e o Movimento Irregular dos Átomos

Boltzmann estabelece a expressão da força-viva média (L) trocada entre dois átomos que colidem como função da diferença entre as forças-vivas médias de cada partícula no tempo[*].

---

[*] A expressão obtida por Boltzmann para a média da força-viva trocada entre as partículas com relação às direções possíveis de suas velocidades no espaço é:

$$I' = \frac{4\ mM}{3\ (m + M)^2} \cdot \left(\frac{MV^2}{2} - \frac{mv^2}{2} \right)$$

onde m e M são as massas das partículas e v e V são suas respectivas velocidades antes da colisão.

A Probabilidade no Início das Pesquisas de Boltzmann sobre a 2ª Lei da Termodinâmica   47

Ele considera que a força-viva trocada no equilíbrio térmico deve se anular em média para quaisquer valores da força-viva das duas partículas em colisão, ou da força-viva de seus centros de massa. Ele propõe assim a definição de temperatura como sendo a média da força-viva de uma partícula no tempo:

Como são indiferentes os valores escolhidos, então L deve se anular para cada um deles; assim, independentemente de

$$\frac{mv^2}{2} + \frac{MV^2}{2}$$

e do movimento do centro de massa, a relação

$$\frac{\int \frac{mv^2}{2}\, dt}{\int dt} = \frac{\int \frac{MV^2}{2}\, dt}{\int dt}$$

é sempre válida... A temperatura é, portanto, uma função da força-viva média de um átomo. Nós podemos então especificar sobre essa função que:
1. As quantidades de calor necessárias a elevações de temperatura iguais são tanto mais rigorosamente iguais, na medida em que é permitido negligenciar o trabalho efetuado pelo calor; é então evidente que a temperatura deve se exprimir como

$$T = \frac{A \int \frac{MV^2}{2}\, dt}{\int dt} + B$$

Vemos nesta passagem que Boltzmann utiliza o equilíbrio térmico macroscópico a fim de identificar ao nível microscópico uma grandeza que não dependa dos valores particulares da velocidade de cada átomo, relacionando-a ao conceito termodinâmico de temperatura. Pode-se então dar um significado à média da energia cinética de cada átomo. Trata-se aqui de estabelecer uma ligação entre o macroscópico e o microscópico, e não de reduzir a temperatura a uma média das grandezas mecânicas.

---

* Boltzmann toma a média da energia trocada entre as partículas (I') em relação às direções das velocidades no espaço (nota 3) e multiplica pela proporção de tempo de cada velocidade, integrando para todos os valores de velocidade. Ele obtém assim a média da força-viva trocada com relação à freqüência das velocidades no movimento (L):

$$L = \frac{4\, mM}{3\, (m + M)^2} \cdot \left(\frac{\int \frac{MV^2}{2}\, dt}{\int dt} - \frac{\int \frac{mv^2}{2}\, dt}{\int dt} \right)$$

onde m, v e M, V são, respectivamente, a massa e a velocidade de cada átomo antes da colisão.

Lembremos que na troca de energia entre os átomos as velocidades eram consideradas por Boltzmann como valores independentes no tempo, devido à grande irregularidade resultante do grande número de colisões. É então, por meio de um raciocínio probabilista, tornando possível a consideração da fração de tempo em que as partículas têm a mesma velocidade, que Boltzmann chega à descrição da variação da energia cinética de cada partícula no tempo. A temperatura permite dar um sentido à média da energia cinética de cada átomo no tempo. Observamos que o conceito termodinâmico é importante no estabelecimento de uma descrição do movimento de cada átomo, no momento em que a irregularidade das variações no nível microscópico constitui um obstáculo ao estabelecimento dessa descrição. Assim, a temperatura tem o papel de guia nas pesquisas de Boltzmann, porque ela indica o caminho conceitual pelo qual podia ser estabelecida a descrição do movimento de cada átomo.

6. Conclusão

Boltzmann, em seu primeiro artigo sobre a segunda lei da Termodinâmica, estabeleceu os elementos de uma linha de pesquisa sobre o movimento do átomo, em que a temperatura serve de guia, indicando a maneira como esse movimento poderia ser tratado com os conceitos da Termodinâmica e da Mecânica. Ele desenvolve um enfoque probabilista do equilíbrio térmico, focalizando em sua análise o movimento de um único átomo entre os átomos do corpo considerados indistintamente nas condições de equilíbrio. Utiliza-se uma nova matematização para tratar a irregularidade nos valores de velocidade das partículas ao longo do tempo. A probabilidade não entra aí como cálculo aproximativo, mas num nível mais fundamental, como recurso que permite descrever com precisão o fenômeno, relacionando valores de velocidade que não são passíveis de serem descritos por relações regulares no tempo.

Dessa forma, foram criadas por Boltzmann as condições para a emergência de um novo elemento nos fenômenos físicos, a descontinuidade, através da consideração da evolução no tempo das velocidades do átomo de maneira totalmente irregular e sem suposição de continuidade.

Referências

1. Boltzmann, L. "Sobre a interpretação mecânica da 2ª lei da teoria do calor", "Über die mechanische Bedeutung des zweiten Hauptsatzes der Wärmetheorie", *Wiener Berichte* 53, 195 (1866), in (Boltzmann, 1909).
2. Aurani, K.M. *La Nature et le Rôle des Probabilités dans les Premières Recherches de Boltzmann sur la 2ème Loi de la Thermodynamique (les Articles de 1866, 1871, 1872 et de 1877)*, Tese de Doutorado apresentada à Universidade de Paris 7, sob orientação do Prof. Michel Paty, Paris, 1992.
3. Aurani, K.M. Ensino de Conceitos: Estudo das Origens da 2ª lei da Termodinâmica e do Conceito de Entropia a Partir do Século XVIIII, Dissertação de Mestrado apresentada à Faculdade de Educação e ao Instituto de Física da Universidade de São Paulo, São Paulo, sob orientação da Profa. Amelia Império Hamburger, 1986.

Bibliografia Suplementar

Boltzmann, L. "Demonstração analítica da 2ª lei da teoria mecânica do calor a partir dos teoremas sobre o equilíbrio da força-viva", "Analytischer Beweis des zweiten Hauptsatzes der mechanischen Wärmetheorie aus den Sätzen über das Gleichgewicht der lebendigen Kraft", *Wiener Berichte* **63**, 712 (1871), in (Boltzmann, 1909).

Boltzmann, L. "Estudos subseqüentes sobre o equilíbrio do calor nas moléculas de gás", "Weitere Studien über das Wärmegleichgewicht unter Gasmolekülen", *Wiener Berichte* **66**, S. 275-370 (1872), in (Boltzmann,1909); trad. em inglês por S. Brush, "Further studies on the thermal equilibrium of gas molecules", in (Brush, 1966).

Boltzmann, L. "Über der Bestimmung der absoluten Temperatur", *Munch. Ber.* **23**, 321 (1893), in (Boltzmann,1909).

Boltzmann, L. "Sobre a relação entre a 2ª lei da teoria mecânica do calor e o cálculo de probabilidade concernente aos teoremas sobre o equilíbrio do calor", "Über die Beziehung zwischen dem zweiten Hauptsatze der mechanischen Wärmetheorie und der Wahrscheinlichkeitsrechnung respektive den Sätzen über das Wärmegleichgewicht", *Wiener Berichte* **76**, 373 (1872), in (Boltzmann, 1909).

Boltzmann, L. "On certain question of the theory of gases", *Nature* **51**(1322), 413-415 (1895).

Boltzmann, L. *Vorlesungen über Gastheorie*, in J.A. Barth, ed., Leipzig, 1895-1898, 2 vols.; trad. em francês por A. Gallotti, *Leçons sur la Théorie des Gaz*", Paris, Gauthiers-Villars, 1902-1905; trad. em inglês por S. Brush, "*Lectures on Gas Theory*", Berkeley and Los Angeles, University of California Press, 1964.

Boltzmann, L. *Vorlesungen über die Prinzipien der Mechanik*, Leipzig, Verlag von Johan Ambrosius Barth, 1897-1904. 2 vols.

Boltzmann, L. *Populäre Schriften*, Leipzig, 1905; trad. em inglês por Brian McGuiness, "*Theoretical Physics and Philosophical Problems*", Boston, D. Reidel Publishing Company, 1974.

Broda, E. *Ludwig Boltzmann: Mensch, Physiker, Philosopher*, Vienna, Publishers Deutche, 1955; trad. em inglês de L. Gay e do autor, "*Ludwig Boltzmann: Men, Physicist, Philosopher*", Woodbridge, Connecticut, Ox bow Press, 1983.

Brush, S.G. "Foundations of statistical mechanics 1845-1915", *Archives for History of Exact Sciences* **4**, 145-183 (1967).

Brush, S.G. *Kinetic Theory - Irreversible Processes*, vol. 2, Oxford, Pergamon Press, 1966.

Carnot, S. *Réflexions sur la Puissance Motrice du Feu*, Edition critique par R. Fox, Paris, Librairie Philosophique J.Vrin, 1978.

Clausius, R.J.E. "Über verschiedene für die Anwendung bequeme formen der Hauptgleichungen der mechanischen Wärmetheorie", *Poggendorf's Annalen* **125**, 313 (1865); trad. em inglês: "On different forms of the fundamental equations of the mechanical theory of heat and their convenience for application", in (Kestin,1976).

Cohen, E.G.D.; Thirring, W., eds., "The Boltzmann equation - theory and applications", in *International Symposium "100 years - Boltzmann Equation*", Vienna, 1972; *Acta Physica Austriaca Supplementum*, n. 10, 1973.

Darrigol, O. "Statistics and combinatorics in early quantum theory", *Historical Studies in the Physical Sciences* **19**(1), 17-80 (1988).

Daub, E.E., "Probability and thermodynamics: the reduction of the second law", *Isis* **60**, 318-330 (1969).

Dugas, R. *La Théorie Physique au sens de Boltzmann et ses Prolongements Modernes*, Neuchâtel, Suisse, 1959.

Duhem, P. *La Théorie Physique. Son Objet, sa Structure*, 1906; Paris, Librairie Philisophique J. Vrin, 1981.

Hasenöhrl, F., ed., *Wissenschaftliche Abhandlungen von Ludwig Boltzmann*, Leipzig, 1909; New York, Chelsea Publishing Company, 1968.

Kestin, J., ed., "The second law of thermodynamics", *Benchmark Papers on Energy*, v. 5, Dowden, Hutchinson & Hoss, Inc., 1976.

Klein, M.J. *Paul Ehrenfest*, Amsterdam, North-Holand, 1970.

Klein, M.J. *The Development of Boltzmann's Statistical Ideas*, 1972, in (Cohen, Thirring, 1973).

Maxwell, J.C. *The Scientific Papers of James Clerck Maxwell*, in W.D. Niven, ed., Cambridge University Press, 1890.

Paty, M. *Mach et Duhem, L'Épistemologie de Savants-Philosophes*, Manuscrito, v. IX, n. 1, Universidade Estadual de Campinas, abril 1986.

Paty, M. *La Matière Dérobée - l'Appropriation Critique de l'Objet de la Physique Contemporaine*, Editions des Archives Contemporaines, 1988.

Thompson, W. *Mathematical and Physical Papers*, v. 1-2, Cambridge University Press, 1882-1884.

Paul Langevin e a Interpretação da Física dos Quanta

Olival Freire Jr.

Instituto de Física, Universidade Federal da Bahia

Os escritos epistemológicos do físico francês Paul Langevin tiveram um papel significativo na constituição do programa de pesquisa "história e epistemologia na formação de professores de física", dirigido por Amélia Hamburger a partir do início dos anos 80. Foi o interesse comum pelo estudo do pensamento de Langevin, em particular da sua interpretação da física quântica, que pavimentou o caminho que me levou à elaboração de uma dissertação de mestrado, sob a orientação de Amélia, intitulada "Estudo sobre Interpretações (1927-1949) da Teoria Quântica: Epistemolo-gia e Física". Devo a Amélia a possibilidade que tive de pesquisar nos Archives Paul Langevin; estudos estes que foram decisivos para consolidar minha opção profissional pela história da ciência. É por isso que, com alegria e reconhecimento participo desta justa homenagem a Amélia Hamburger analisando certos aspectos da obra de Langevin.

A interpretação da física dos quanta elaborada por Paul Langevin (1872-1946), durante a década de 30, apresenta mais originalidade e fecundidade epistemológica do que é usualmente reconhecido por certos comentadores desta controvérsia científica. Analisaremos esta interpretação, e o contexto científico e cultural em que foi elaborada, focalizando especialmente sobre a crítica do mecanicismo, em especial da noção de objeto individualizável, destacável do universo, considerada por Langevin indispensável para a compreensão das mudanças conceituais presentes na nova teoria física. Examinaremos também a idéia, exposta por Langevin a partir de 1935, de que a física quântica representou uma humanização da ciência, pelo tipo de descrição probabilista introduzida[1].

Paul Langevin tem um papel singular na constituição da física dos quanta. Se ele não teve um papel relevante na elaboração da própria teoria, finalizada na sua forma não relativista entre 1925 e 1927, ele jogou, contudo, um papel pioneiro na difusão da nova teoria, com as notas de seus cursos no *Collège de France*, sendo hoje peças da história desta teoria física, ao lado de testemunhos como os de Louis de Broglie, Léon Rosenfeld e Edmond Bauer, que atestam o papel precursor daqueles cursos no ambiente intelectual francês[2]. Já as suas reflexões epistemológicas sobre a nova teoria, cuja versão madura foi elaborada entre 1933 e 1938, ainda estão por receber, na minha opinião, uma justa avaliação da parte de cientistas, filósofos e historiadores. Tais reflexões representaram um diálogo com um duplo público, de um lado os cientistas, a comunidade internacional dos físicos em particular, de outra parte aquele dos filósofos franceses, dentre os quais se destacavam as figuras de E. Meyerson e G. Bachelard. Nos dois circuitos a questão do determinismo, de modo mais preciso a questão de a teoria quântica incorporar uma descrição essencialmente probabilista da evolução dos sistemas físicos, abandonando assim uma descrição determinista do tipo daquela presente na mecânica clássica, polarizava os debates, mesmo se algumas das intervenções ultrapassavam esta questão.

A originalidade do pensamento de Langevin está em reunir dois aspectos aparentemente contraditórios. De um lado, ele valoriza a descrição probabilista como um dos elementos fundamentais da inovação conceitual introduzida pela nova física; aliás, a partir de 1935, ele foi ao ponto de considerar esta descrição probabilista uma humanização da ciência, como veremos adiante. De outro lado, ele considerava a manutenção da defesa do determinismo uma exigência decorrente da própria natureza do empreendimento científico; sendo evidente aqui que esta defesa do determinismo por Langevin aproximava-se mais da idéia genérica de luta pela elaboração de leis científicas, do que da idéia de preservação de um determinismo análogo àquele presente na estrutura conceitual da mecânica clássica. A aparente contradição dissolve-se quando notamos que a análise do tema do determinismo se inscreve, no pensamento de Langevin, em um quadro conceitual mais amplo, a saber, aquele da estrutura de representação do real, que vinha sustentando a construção da física até então, representação esta que Langevin denominou de mecanicismo. Conforme suas palavras, "não estamos lidando, em realidade, com uma crise do determinismo, mas sim com uma crise do mecanicismo, o qual nós tentamos utilizar para representar um novo domínio"[3].

O mecanicismo é, antes de tudo, uma herança da própria ciência, pois "se concebeu e se conservou, afirma Langevin, durante dois séculos, a esperança de construir toda a física e mesmo, para alguns, toda nossa representação do mundo, sobre as mesmas bases que haviam servido a Newton e seus continuadores para construir a mecânica celeste. Daí resultou uma espécie de mística, de confiança excessiva nas possibilidades de explicação daquilo que aparecia como o tipo perfeito de toda ciência da natureza". Aqui cabe perguntar se a mudança científica e epistemológica introduzida pela teoria da relatividade não havia sido suficiente para o abandono daquela "confiança excessiva" na mecânica clássica. A pergunta se torna ainda mais interessante se considerarmos que precisamente Langevin havia sido um dos protagonistas da crítica ao mecanicismo por ocasião dos debates científicos que antecederam o surgimento da relatividade restrita, em 1905. Langevin alinhava-se inicialmente ao que a história da física denominou de "concepção eletromagnética da matéria", tornando-se logo depois o principal ponto de apoio da relatividade einsteiniana na França, sendo de sua autoria o significativo "experimento de pensamento" que chamamos de "paradoxo dos gêmeos" ou "viajante de Langevin". Pode se suspeitar, então, que Langevin simplesmente batia numa tecla já antiga e desgastada? Esta suspeita não tem fundamento porque Langevin concentrou sua crítica em aspectos do mecanicismo que haviam sobrevivido à própria revolução relativista. Deste modo, ao lado de noções como espaço e tempo absolutos que já haviam sido alvos da crítica relativista, acrescentava-se agora a idéia de "objeto individualizável e de massa constante, passível de seguir uma trajetória no curso de seu comportamento no espaço e no tempo".

Langevin concentra, então, sua crítica sobre a noção de corpúsculo como objeto destacável do universo, colocando em evidência a inadequação deste conceito face à teoria dos quanta. Seu principal argumento é o significado do novo conceito de partículas indiscerníveis presente nas estatísticas quânticas, de Bose-Einstein e de Pauli-Fermi-Dirac. Ele pensa que estas novas estatísticas exigem a modificação do conceito de cospúsculo individualizável. Langevin exemplifica com o caso, de simples compreensão, de duas partículas que se encontram em duas regiões do espaço de mesmas dimensões. Na estatística clássica nós podemos contar quatro distribuições possíveis das duas partículas nas duas regiões. Isto acontece porque nós podemos "etiquetar" - individualizar - uma partícula como "A" e a outra como "B". No domínio quântico este cálculo levaria a resultados incompatíveis com os dados experimentais. As novas estatísticas quânticas, adequadas aos dados experimentais disponíveis, contam neste exemplo somente três distribuições possíveis. Isto quer dizer que elas não "etiquetam" as partículas, ou, dito de outro modo, elas não as individualizam.

O físico francês sustenta, então, que a idéia de um objeto individualizável, destacado do universo, é um conceito arcaico, que deve ser modificado. Segundo Langevin, "é somente renunciando a esta idéia ainda muito impregnada de antropomorfismo, ou modificando-a profundamente, que nós chegaremos à síntese necessária que interpretará tanto o aspecto corpuscular quanto o aspecto ondulatório". Este argumento distancia Langevin da solução da complementaridade, proposta por Niels Bohr, por Langevin considerada como uma atitude de se instalar na contradição ao invés de resolvê-la. Ele, contudo, não busca uma reformulação da teoria quântica, nem mesmo uma teoria mais genérica da qual a teoria quântica seja um caso limite, como buscaram, de um lado, os partidários das chamadas "variáveis escondidas", como David Bohm, e do outro Albert Einstein em sua busca de uma teoria capaz de unificar todas as interações conhecidas. Ele propunha, diversamente, um programa de interpretação da teoria quântica baseado na convicção de que "uma confrontação prolongada com a experiência nos permitirá colorir e tornar concretas as noções que estão contidas em potência nas equações da nova dinâmica", acrescentando que "nós temos o dever de destacar estas noções, ou, mesmo, as noções inteiramente novas que poderá ser necessário introduzir". Langevin apoia-se na história da física, em particular ele exemplifica com a história dos conceitos de potencial elétrico e de entropia, para argumentar favoravelmente à sua proposta.

Façamos um parêntese na nossa análise das idéias de Langevin para assinalar que o conceito físico de indiscernibilidade das partículas de um gás, presente inicialmente nos trabalhos de Bose e Einstein, bem como sua interpretação epistemológica em termos de uma crítica à idéia de partículas individualizáveis, tiveram um papel científico e epistemológico muito relevante nas mãos de um outro cientista, no caso Erwin Schrödinger. Em um primeiro momento, 1925, este conceito teve um significado de "princípio de inteligibilidade", facilitando o caminho da criação da mecânica quântica ondulatória. Conforme Paty[4], Schrödinger, refletindo sobre o trabalho de Einstein, chegou à conclusão que era preciso "abandonar a idéia que as moléculas do gás são corpúsculos tornados indiscerníveis por uma interação de natureza misteriosa, isto é, abandonar a representação corpuscular. Devemos, diz Schrödinger, considerar o gás como um sistema de ondas estacionárias, com as moléculas sendo estados de excitação de energia, logo, desprovidas de individualidade". Em um segundo momento, já ligado ao problema, principalmente epistemológico, da interpretação da teoria quântica, e da controvérsia acerca das interpretações, Schrödinger colocou a crítica ao conceito de partícula individualizável, ao lado dos procedimentos de segunda quantização, como argumentos centrais para o que hoje é conhecido como "interpretação ondulatória da teoria quântica", ou "visão ondulatória do mundo". Assim, em 1952, quando a controvérsia sobre a interpretação da teoria dos quanta foi reaquecida com a interpretação das "variáveis escondidas", proposta por David Bohm, ele[5] escreveu que "dois novos aspectos surgiram que eu considero muito importantes para reconsiderar a interpretação, suas raízes remontam ao passado mas suas verdadeiras significações só gradualmente foram sendo reconhecidas". O primeiro destes aspectos sendo "o fato de ter reconhecido que a coisa que se tem sempre denominado de partícula, e que ainda é, pela força do hábito, denominada por nomes deste gênero, não é, certamente, independente do que ela possa ser, uma entidade individual identificável".

A crítica do mecanicismo, e de sua idéia de corpúsculos individualizáveis, foi apresentada por Paul Langevin em 1933 numa conferência intitulada *La Notion de Corpuscule et d'Atome*. Dois anos depois, junho de 1935, em uma conferência que teve por título *Statistique et Déterminisme*, apresentada na *Semaine de Synthèse* dedicada ao tema *La statistique, ses applications, les problèmes qu'elles soulèvent*, ele voltou ao tema da interpretação da mecânica quântica e à crítica do mecanicismo, mas, acrescentando desta vez uma nova idéia, a saber, que a descrição probabilista implicava a física dos quanta significar uma humanização da ciência. Esta nova idéia relaciona-se à sua análise anterior porque ele fundamenta a idéia de uma humanização da ciência na consideração de que, no que diz respeito ao papel da ação humana, a concepção de determinismo presente na física clássica conduz ao fatalismo, "à inutilidade, escreve Langevin, de todo esforço humano face ao implacável desdobrar dos fatos contidos, nos seus mínimos detalhes, na impulsão inicialmente recebida pelo Universo". A crítica ao determinismo da física clássica é, então, em Langevin, principalmente, uma crítica à idéia de um universo totalmente determinado previamente, tal como havia sido exposta pelo físico e matemático francês Pierre-Simon de Laplace no início do século XIX, à qual, aliás, Langevin refere-se diretamente pela denominação de determinismo laplaciano.

Para entendermos de modo mais preciso esta idéia de Langevin é preciso compreender como, neste teoria física, "o presente não determina, não contém, o futuro, a não ser com uma precisão decrescente à medida que este futuro se torna mais distante". Sabe-se que, na teoria quântica, nós obtemos sempre a previsão de probabilidades de acontecimentos, em especial de medida de certas grandezas físicas, sendo estas probabilidades obtidas do módulo quadrado das amplitudes da função de onda que representa o estado do sistema, mas é preciso também considerar como estas probabilidades se modificam com o evoluir do tempo. Tomemos um exemplo simples para ilustrar esta evolução temporal das probabilidades: uma superposição de diversas ondas constituindo um "pacote de ondas", que é a representação ondulatória de um sistema localizado em uma certa região do espaço, podendo representar deste modo uma partícula. A física clássica já havia estabelecido que, em um meio dispersivo, um pacote de ondas se espalha à medida que se desloca no espaço e no tempo. Este resultado pode, por analogia, ser estendido ao caso do "pacote de ondas" da mecânica quântica ondulatória. Nós temos assim um espalhamento das probabilidades de localização da partícula, enquanto classicamente a partícula descreveria uma trajetória precisa. É deste modo que podemos compreender que, na nova física dos quanta, "a ação torna-se possível porque o presente não determina, não contém, o futuro, a não ser com uma precisão decrescente à medida que este futuro se torna mais distante".

Langevin fala também que "as possibilidades de previsão necessárias para dirigir a ação e torná-la eficaz aumentam com a importância de nossa informação, e esta última exige a intervenção do observador, quer dizer, a ação". Para bem operar com a teoria quântica é preciso estabelecer o estado inicial do sistema físico considerado, e isto só pode ser feito realizando uma medida sobre o sistema. Os físicos denominam esta primeira medida de "preparação do estado" para distingui-la da medida propriamente dita. É, seguramente, nesta "preparação do estado" que pensa Langevin, quando fala do papel da ação. A idéia de humanização da ciência apóia-se, deste modo, em Langevin, diretamente nas inovações conceituais da nova física.

Podemos resumir esta idéia de humanização da ciência afirmando que, para Langevin, ela é uma conseqüência da superação, na nova teoria física, da concepção de um mundo previamente determinado, concepção esta considerada por ele como uma espécie de fatalismo. O abandono deste tipo de determinismo viabiliza, então, a compatibilidade entre a ciência e a idéia de transformação da sociedade pela ação dos homens e mulheres. Aqui cabe notar que, se a crítica do mecanicismo possibilitava a idéia de uma humanização da ciência via descrição probabilista da mecânica quântica - por realizar uma ampla crítica das idéias subjacentes ao edifício conceitual da mecânica clássica - a idéia de humanização da ciência não decorria da primeira como uma conseqüência necessária. Primeiro, porque muito antes do surgimento da mecânica quântica na segunda década do século XX diversos foram os pensadores que buscaram compreender a liberdade e a ação humanas de forma autônoma face às teorias científicas existentes. Visto retrospectivamente, podemos mesmo identificar uma certa ingenuidade na idéia de uma humanização da ciência pelo desenvolvimento exclusivo da própria ciência[6]. Segundo, porque a descrição probabilista da física quântica coloca como problema epistemológico o papel constitutivo das probabilidades nesta teoria física. A conclusão a que podemos chegar é que a idéia de humanização da ciência não decorria, em Langevin, de considerações estritamente epistemológicas, ou, dito de outro modo, não decorria exclusivamente de uma reflexão crítica sobre a própria ciência. Estas considerações nos conduzem a uma importante interrogação sobre os procedimentos que formatavam a reflexão de Langevin. Trata-se de saber, em particular, por que Langevin articulou tão ostensivamente estes dois domínios, o da análise epistemológica dos conceitos e teorias da ciência e aquele da reflexão filosófica geral.

Uma primeira resposta a esta questão pode ser obtida quando se considera o cientismo presente na visão de mundo de Langevin. Conforme Bernadette Bensaude-Vincent[7], para Langevin, a ciência era o fator mais importante, o mais decisivo, para o desenvolvimento histórico das civilizações; a ciência era o "motor da história". Se se tratava, para Langevin, de estender a ciência aos problemas humanos, podemos acrescentar, então, que melhor fazê-lo com uma ciência na qual a descrição probabilista tinha um papel fundamental do que com uma ciência onde a evolução dos sistemas era regido por um determinismo tão rigoroso. Temos aqui, seguramente, uma parte da resposta à nossa questão, mas não acredito que seja toda a resposta. Esta resposta não dá conta, por exemplo, do prazo de oito anos decorridos entre a constituição da física quântica e 1935, quando pela primeira vez Langevin expressou a idéia da física dos quanta como uma humanização da ciência. Ela não dá conta também de saber o porquê de esta idéia não estar presente já na conferência *La Notion de Corpuscule et d'Atome*, de 1933.

Eu não posso me furtar de pensar que esta idéia de humanização da ciência se inspirava também na atitude de Langevin face ao contexto social e político dos anos trinta. Não é aqui o local adequado para argumentar com detalhes a favor desta conjectura, pois isto foi feito em outra oportunidade[8]. De forma resumida, devemos ter em conta que desde 1933, com a chegada de Hitler ao poder, e em especial a partir de 1934, com o crescimento da ameaça fascista na própria França, Paul Langevin dedicou grade parte de sua atividade à luta contra a ameaça de guerra e contra o crescimento do fascismo. Apenas a título de exemplo, ele foi um dos três signatários do manifesto, de 5 de março de 1934, que levou à criação do Comitê de Vigilância dos Intelectuais Antifascistas, o qual abriu caminho para a criação da frente popular na França. Nesta atividade, eminentemente política, Langevin abordava temas que podiam ser correlacionados a certos temas presentes na sua reflexão epistemológica sobre a física dos quanta. Entre estes temas estão aqueles do fatalismo - Langevin combatia a atitude fatalista de considerar a guerra inevitável - e da possibilidade do retrocesso histórico, representado pelo crescimento do fascismo, o que contrariava qualquer visão de um futuro inevitável de progresso para a civilização. Apenas como exemplo, Langevin escrevia no artigo "Fascisme et civilisation", publicado na revista *Clarté*, em 1937, que o fascismo era um regime no qual "o desenvolvimento da ciência e da consciência humanas tornam a transformação possível e necessária" [9].

A conjectura que faço é que Langevin teve necessidade de conciliar o papel que a ação política passou a jogar em sua vida com a análise epistemológica que ele fazia da crise conceitual que a física atravessava com a elaboração da teoria quântica. É sabido o preço que ele pagou no enfrentamento do nazismo. Ele foi o primeiro universitário francês preso após a ocupação nazista, sendo depois colocado em residência vigiada, na cidade de Troyes. No início de 1944, com o crescimento da luta de liberação, ele evadiu-se para a Suíça. Seu genro, o físico J. Solomon, foi preso e executado, como refém, em 1942, pelos nazistas. Sua filha Hélène Langevin-Solomon foi deportada para o campo de concentração de Auschwitz, dele saindo como sobrevivente em 1945. A derrota do nazismo, à qual Langevin dedicou tantas energias, não estava determinada de antemão. A experiência pessoal de Langevin, de resto a própria experiência histórica, na luta contra o nazi-fascismo era incompatível com qualquer apego a um tipo de determinismo análogo ao determinismo mecanicista laplaciano. Se nós podemos nos questionar quanto ao alcance epistemológico de sua tese da descrição probabilista quântica como uma humanização da ciência, nós não podemos duvidar de seu valor histórico.

Para concluir é inevitável reafirmar que as idéias de Langevin sobre a interpretação da física dos quanta apresentam mais originalidade do que foi reconhecida por certos analistas da controvérsia[10]. Este conhecimento deformado, ou parcial, do pensamento do físico francês, tem, a meu ver, origens no contexto histórico dos anos 50, depois, portanto, do desaparecimento de Langevin, quando, como tive a oportunidade de argumentar com mais detalhes em outra oportunidade, seu pensamento sobre a física dos quanta enfrentou um contexto adverso entre físicos franceses marxistas, cujo pensamento sobre a física dos quanta era, então, dominado pelo programa de interpretação determinista desta teoria científica. Esta é, contudo, uma outra história em que não nos deteremos aqui[11].

Referências

1. Este texto condensa idéias presentes nos dois seguintes trabalhos: "L'interprétation de la physique quantique selon Paul Langevin", *La Pensée*, 117-34 (1993), e, "La Physique quantique et l'humanisation de la science", *Colloque Langevin*, Paris, juin 1997. Atas a aparecer.
2. Ver *Archive for the History of Quantum Physics*.
3. As citações de Langevin são extraídas de dois textos: *La Notion de Corpuscule et d'Atome*, Paris, Hermann, 1934, e "Statistique et déterminisme", in *La Statistique, ses Applications, les Problèmes qu'Elles Soulèvent*, Paris, PUF, 1944, p. 245-300. Existe um terceiro texto de Langevin, onde estas idéias são retomadas e desenvolvidas, e do qual dispomos de uma tradução para o português, publicada pela equipe coordenada por Amélia Hamburger, como " Publicação do IFUSP "; trata-se do texto: P. Langevin, "Les courants positiviste et réaliste dans la philosophie de la physique", in *Les Nouvelles Théories de la Physique*, Paris, Institut International de Coopération Intellectuelle, 1939, p. 231-54.
4. Sobre o papel da indiscernibilidade no trabalho científico e epistemológico de Schrödinger, ver M. Paty, "Formalisme et interprétation physique chez Schrödinger", in M. Bitbol et O. Darrigol, *Erwin Schrödinger, Philosophie et Naissance de la Mécanique Quantique*, Gif-sur-Yvette, Éditions Frontières, 1993, p. 161-90.
5. E. Schrödinger, "La signification de la mécanique ondulatoire", in A. George, ed., *Louis de Broglie, Physicien et Penseur*, Paris, Éditions Albin Michel, 1953, p. 16-32.
6. Neste sentido Michel Paty expressou, nos debates por ocasião do *Colloque Langevin*, que o físico francês poderia ter formulado esta idéia de outro modo, mais satisfatório, afirmando que o mecanicismo havia desumanizado a ciência.

7. Ver a bela biografia do cientista francês: B. Bensaude-Vincent, *Langevin, Science et Vigilance*, Paris, Belin, 1987.
8. Ver Freire Jr., *La Physique Quantique et l'Humanisation de la Science*, 1997.
9. Paul Langevin, "Fascisme et civilisation", *Clarté* [revue mensuelle du Comité Mondial Contre la Guerre et le Fascisme], **7**, 15 février 1937, p. 51-55.
10. Entre os que incluem, equivocadamente a meu ver, Langevin entre os partidários da chamada "interpretação estatística" da mecânica quântica, ver M. Jammer, *The Philosophy of Quantum Mechanics - The Interpretations of Quantum Mechanics in Historical Perspective*, New York, John Wiley & Sons, 1974, p. 443; e D. Home and M.A.B. Whitaker, "Ensemble Interpretations of Quantum Mechanics. A Modern Perspective", *Physics Report*, **210**(4), 223-317 (1992).
11. Ver a este propósito nossos textos em *La Pensée*, 292, 117-34 (1993), *Social Studies of Science* **22**, 739-42 (1992), e em *Nature, Society & Thought* 8(3), 309-25 (1995).

Miguel, Paul, Henri et les Autres

Patrick Petitjean

Equipe Rehseis, UMR 7596, CNRS et Université Paris 7

Miguel Ozorio de Almeida raconte[1]: "Je rentrai à pied, par la rue de Rivoli, à travers le Louvre, la place du Carrousel, et cheminai jusqu'à mon hôtel. Pendant le trajet, on entendait souvent des tirs de D.C.A.. Parfois, en suivant la direction indiquée par les traînées de fumée laissées par les obus, on pouvait voir des avions allemands à très haute altitude. La tristesse des dimanches[2], avec les maisons fermées, s'ajoutait à l'aspect dramatique de tous ceux qui, chaque fois plus nombreux, étaient en train de quitter la ville. Je me résolvis malgré tout à aller dîner au cercle de la rue de Tournon[3]. Là se trouvaient Rivet[4], Madame Vacher, Paulo Duarte et sa femme, Henri Bonnet et sa femme. Tout le monde était conscient qu'un immense désastre était maintenant inévitable. Nous espérions que quelqu'un des Ministères, parmi les habitués de ces réunions, puisse nous informer précisément de la situation. Finalement, alors que nous étions au milieu du repas, Laugier arriva. À nos demandes anxieuses, il répondit simplement: - Le Ministère s'en va demain matin de bonne heure, et je suis obligé de partir avec[5]. Après quelques instants d'un silence oppressif, la voix pleine et profonde de Rivet s'éleva: - Laugier, je te prie de m'oublier dans tes ordres d'évacuation des organismes qui dépendent du Ministère. Je resterai au Musée de l'Homme. De fait, le Gouvernement et les Ministères allaient partir dans les jours qui suivirent. Rien n'avait été communiqué à la population. L'abandon commençait. Ce soir-là, nous avons terminé la réunion plus tôt que d'habitude. Par principe, nous avons convenu d'une réunion le dimanche suivant, mais nous sentions bien que c'était la fin. Nous sommes sortis, et nous sommes rentrés en marchant. Rivet nous a encore fait remarquer, avec une émotion profonde et contenue, combien Paris était beau, dans l'obscurité, immergé dans le silence et les ombres mystérieuses"[6].

Le lendemain, lundi 10 juin 1940, Miguel Ozorio se rend au siège de l'Institut international, où Henri Bonnet fait ses malles pour partir dans l'après-midi. Le mercredi 12, il note que de grands incendies sont visibles dans les environs de Paris. Le 13, il brûle le "journal de guerre" qu'il tenait depuis septembre 1939[7], les lettres qu'il avait reçues pour éditer un volume de correspondance pour l'Institut International[8], les manuscrits des discours qu'il avait prononcés à la radio[9], etc. Le 14, les Allemands sont dans Paris.

Miguel Ozorio a pris la décision de ne pas quitter Paris avant l'occupation allemande. Mais l'Institut International est devenu un bureau pour les troupes allemandes, et les laboratoires où il travaillait restent désespérément vides[10]. Il quitte Paris le 19 juillet et arrive à Lisbonne deux jours après, avec un passeport diplomatique, et convoyant une valise diplomatique.

A Lisbonne, il envoie par avion des lettres que Paul Rivet lui avaient confiées: "Je vous ai dit à la gare que je partais de Paris très attristé, mais pas désespéré" [11]. Un an après, Paul Rivet, qui avait participé à un des premiers réseaux de résistance dans Paris occupé, a été contraint de fuir la France, et se trouve à Bogota. Miguel Ozorio lui écrit de Rio: "Vous vous rappelez que, au moment de mon départ de Paris, vous m'avez confié un papier très réservé que je devais faire connaître si un jour je savais qu'il vous était arrivé quelque chose de très grave et de définitif. Que voulez-vous que je fasse de ce document? Que je le détruise ou que je vous l'envoie? J'attends vos instructions Je travaille comme un forcené, mais sans arriver à oublier la situation tragique de Paris" [12].

A travers ce récit de Miguel Ozorio, complété par des lettres à Paul Rivet, transparaît une situation originale: celle d'un pionnier de la science brésilienne moderne, ayant en 1939/40 d'importantes responsabilités scientifiques dans son pays, qui est aussi intégré à un cercle d'intellectuels et d'hommes politiques français en situation de responsabilités au moment où la Troisième République s'effondre avec l'entrée des armées de Hitler dans Paris. Il y est intégré, au point d'être invité à s'exprimer à la radio, et, à son départ, d'être transmetteur ou réceptionnaire de documents confidentiels de Paul Rivet. Par quel cheminement historique eston arrivé à une telle situation, et à quels réseaux Miguel Ozorio participait-il? Ce sont des questions qu'il importe d'étudier pour mieux comprendre le fonctionnement des relations scientifiques franco-brésiliennes, et la constitution d'institutions internationales comme l'Unesco.

Miguel Ozorio a souvent été qualifié au Brésil de "afrancesado", terme qui, en une période (années 1930 et 1940) marquée par le nationalisme, semble le renvoyer à une fonction de "traître", dont la fidélité à la France l'emporterait sur celle à son pays. L'étude des réseaux internationaux auxquels il participait est aussi nécessaire pour répondre à ce qualificatif. La francophilie supposée du milieu familial de Miguel Ozorio n'est évidemment pas une explication suffisante ni pour son itinéraire scientifique et personnel, ni pour sa participation aux institutions internationales. La question devrait d'ailleurs être renversée: comment un scientifique brésilien devient-il non seulement francophile, mais participant de plusieurs identités scientifiques.

Plusieurs travaux récents [13] sur l'histoire des intellectuels ont attiré l'attention sur l'importance de l'étude des réseaux de sociabilité, avec comme objectif de dépasser à la fois une certaine tradition française de l'histoire "politique" des intellectuels, et d'une approche anglo-saxonne davantage centrée sur les déterminismes socioprofessionnels. L'ambition est de mieux cerner la définition de l'intellectuel, individuellement et comme groupe, en étudiant des réseaux [14] souvent davantage structurants que les lieux de formation ou les milieux professionnels. Il faut ajouter que l'entremêlement de différents réseaux, différemment centrés, peut être porteur d'une forte dynamique structurante.

Le travail présenté ici n'a pas l'ambition d'approfondir une réflexion générale sur les formes spécifiques de sociabilité des milieux intellectuels, sur l'évolution des formes de sociabilité, mais seulement d'illustrer l'intérêt de cette approche pour étudier certains aspects de l'histoire des relations scientifiques entre la France et le Brésil, et plus spécifiquement différents éléments de la trajectoire suivie par Miguel Ozorio.

Parce que les réseaux de sociabilité rebondissent en permanence entre les domaines professionnels, idéologiques ou politiques, cette approche peut être un moyen d'une analyse globale de la trajectoire d'une personnalité scientifique, en faisant interagir ses travaux scientifiques et le contexte social. Elle offre davantage de souplesse que le balancement fréquent entre la référence aux déterminismes socioprofessionnels et l'admiration sans bornes devant un "génie". Elle permet de rendre mieux compte des singularités, et du caractère nécessairement unique de telle ou telle personnalité (Miguel Ozorio, par exemple, est nettement moins scientiste que la majeure partie du cercle de la rue Tournon) par l'agencement des différents réseaux et lieux de sociabilité. Elle permet de suivre tant la trajectoire institutionnelle que l'établissement et l'évolution d'une pensée scientifique; et, plus largement, d'une pensée sur la science et le monde.

La tradition d'histoire politique des intellectuels, dans le cas des scientifiques, comportait aussi une forte dichotomie entre la représentation d'une personne en tant qu'intellectuel et sa représentation en tant que savant. Ainsi, Frédéric Joliot-Curie était considéré comme un "intellectuel" en raison de ses engagements politiques et sociaux et comme un "savant" pour ses travaux scientifiques et leurs applications. Parce que la représentation communément admise du travail scientifique ("en prise sur la nature", "objectif") est distincte du travail intellectuel en général, les scientifiques étaient rarement considérés comme des intellectuels, sauf certaines personnalités politiquement engagées, et étaient rejetés du côté des ingénieurs.

L'approche par le biais des réseaux de sociabilité permet sans doute de réintégrer les scientifiques parmi les intellectuels. Parce qu'on les retrouve dans ces réseaux, au même titre qu'écrivains et artistes. Parce qu'ils ont largement partagé, et partagent encore des représentations sur le mythe de l'age d'or des intellectuels et des Lumières, sur la "société des esprits" chère à Paul Valéry, sur une communauté idéale porteuse d'un message universel. On peut même dire que dans le cas des scientifiques, la représentation dominante de la fonction sociale de la science joue un rôle structurant fort de réseaux autour de valeurs et de projets ("la science pour le bien-être social et le progrès", "un gouvernement par la raison"). L'histoire de cette représentation est tout aussi fondamentale pour comprendre l'évolution de ces réseaux, notamment dans les années 1930 et 1940 (la montée du fascisme, la crise économique, la guerre, etc.)[15].

Les fonctions sociale et idéologique de la science apparaissent de plus en plus importantes après la guerre de 14/18, et conduisent nombre de scientifiques à certaines formes d'engagements politiques (au sens de leur participation à la vie publique): pour l'organisation de la science, pour l'éducation populaire et la vulgarisation scientifique, pour des applications sociales, pour la paix. Ce sont des caractéristiques des réseaux de sociabilité (et d'autres réseaux aussi) auxquels participe Miguel Ozorio, et qui se retrouvent dans de nombreux pays. Il y a là sans aucun doute une dimension supplémentaire par rapport aux intellectuels de la "société des esprits" classiquement étudiés. Considérer les scientifiques comme des intellectuels à part entière n'interdit évidemment pas de se poser, et d'étudier, la question de leur spécificité dans ce milieu, de ce point de vue, comme de celui de la logique interne à leur travail scientifique ou de leurs stratégies sociales.

Dans l'histoire des relations scientifiques franco-brésiliennes, Miguel Ozorio apparaît très tôt comme un pilier institutionnel, tout en gardant une importante marge de recul critique, avec une pensée propre sur ce que devrait être le travail scientifique international. Un travail sur Joseph Needham et les réseaux franco-anglais de sociabilité scientifique à la naissance de l'Unesco met de nouveau en scène Miguel Ozorio, avec Paulo Estevam de Barredo Carneiro à sa suite, montrant la nécessité d'éclaircir les réseaux de sociabilité auxquels il participe.

On rencontre Miguel Ozorio dans les années 1930 et 1940 dans 4 lieux de sociabilité: les instituts franco-brésiliens, les laboratoires, l'Institut international et le Cercle de la rue Tournon[16]. Ces 4 réseaux font le corps de cet article. Ils sont de nature différente, et se constituent à des moments différents: les relations institutionnelles France-Brésil, au début du XXe siècle - les coopérations professionnelles, à partir des années 1920 - les institutions internationales de coopération, à partir des années 1930 - et les groupes, plus ou moins structurés, d'affinités idéologiques ou politiques, également à partir des années 1930. Mais ils n'existent pas l'un sans les autres, ils s'emboîtent les uns dans les autres et surtout, ouvrent aussi vers d'autres modes d'intervention.

Pour un travail complet et davantage centré sur Miguel Ozorio, il aurait fallu ajouter un volet plus spécifiquement brésilien, au Brésil comme dans les milieux de l'Ambassade du Brésil à Paris. Pour un travail plus global sur les sociabilités scientifiques franco-brésiliennes, il aurait fallu développer aussi les cas de Paulo Duarte, Paulo Carneiro ou Carlos Chagas Filho par exemple, pour faire apparaître d'autres réseaux (l'Académie pontificale des sciences notamment). Ces recherches restent à faire.

Avant d'en venir aux réseaux, quelques repères biographiques initiaux sont nécessaires pour Miguel, Paul et Henri. Au fil du texte, des éléments complémentaires seront fournis, de même que quelques indications pour les autres scientifiques qui apparaissent dans le récit.

2. Les Acteurs

2.1. Miguel Ozorio de Almeida (1890-1953)

Gabriel Ozorio de Almeida, père de Miguel, avait été formé comme ingénieur à l'École Polytechnique de Rio de Janeiro, fraîchement réformée. Il avait travaillé avec Ernest Guignet[17] dans le premier laboratoire de chimie industrielle, et fait en commun avec lui, des communications à l'Académie des Sciences de Paris[18]. Il a longtemps collaboré avec des riches industriels brésiliens, d'origine française, Guinle et Gaffrée. De ces milieux industriels viendront les premiers financements privés de la recherche au Brésil: équipement du laboratoire de physiologie de

Miguel et Alvaro Ozorio de Almeida dans les années 1920/1930; aide au laboratoire de Carlos Chagas Filho; soutien à la revue brésilienne de biologie; création d'une fondation pour la santé, etc. Dans un autre domaine, Gabriel Ozorio de Almeida, alors Président de la chambre municipale de Rio, fit partie des brésiliens qui accueillirent Jean Jaurès à Rio de Janeiro en août 1911[19].

Avec Henrique Morize et Amoroso Costa entre autres, Miguel Ozorio[20] fonde en 1916 la Société Brésilienne des Sciences, qui deviendra en 1922 l'Académie Brésilienne des Sciences, première matérialisation de l'existence d'une communauté scientifique naissante au Brésil. Il en est successivement Secrétaire général, Vice-Président et Président. Il poursuit, à travers notamment de l'Association Brésilienne d'Éducation, l'action pour la création d'universités, lieux de "haute culture" et de travail expérimental: c'est la lutte "pour la science pure"[21], en réaction à la vision strictement utilitariste de la science, qui dominait dans les écoles professionnelles supérieures (Comment faire des mathématiques pures dans une école d'ingénieurs, demandait-il). Ce combat pour la science pure, il le poursuit après-guerre à la SBPC[22], dont il fut Président.

Il est professeur de physiologie à l'École supérieure d'agriculture et de médecine vétérinaire de Niterói[23] de 1917 à 1934. Avec son frère Alvaro, formé à l'Institut Pasteur de Paris, il fonde un laboratoire privé de physiologie (sis rua Machado de Assis à partir de 1926), véritable lieu de naissance de la physiologie moderne au Brésil, et point de ralliement de tous les savants étrangers de passage à Rio dans les années 1920. Il est aussi Directeur du laboratoire de physiologie à l'Institut Oswaldo Cruz à partir de 1927.

Miguel Ozorio n'a eu guère de responsabilités institutionnelles ou directement politiques: il abandonne au bout de 7 mois un poste de Directeur de la santé publique en 1934/35. Il est nommé Directeur effectif de l'Université du District Fédéral à Rio en 1935, à un moment où la dictature pointe à l'horizon, prétextant une tentative de soulèvement communiste. Des intellectuels proches du P. C. ont déjà connu la prison en décembre 1935. Miguel Ozorio entre en conflit avec "un groupe déterminé ayant à sa tête le Dr. Campos qui a décidé de prendre en main les écoles supérieures pour les transformer en centres de propagande et d'action politique"[24]. Il s'oppose particulièrement à Octavio de Faria, Directeur de la Faculté de Philosophie, qui déclare "qu'il acceptait sa charge uniquement pour donner à son école une orientation politique, et pour avoir l'occasion de faire appliquer lui-même les idées pour lesquelles il combat". Miguel Ozorio estime que "si de telles façons de procéder et de tels principes étaient acceptés, ce serait la mort de tout espoir de renaissance culturelle au Brésil. Le Dr. Octavio de Faria se proposait ouvertement de transformer l'École de Philosophie en Institut fasciste". Miguel Ozorio finira par obtenir la démission de Faria, mais sera contraint de démissionner à son tour en mars 1936[25]. Il verra dans cette affaire une prémisse de l'Estado Novo, sa démission étant le moyen de réaffirmer un attachement inconditionnel à la liberté académique[26].

Ses essais et ses articles sur la science, regroupés dans trois ouvrages[27], reflètent sa profession de foi dans la valeur de la science et dans ses capacités à assurer le bonheur de l'humanité[28]. Il défend la nécessité de la vulgarisation scientifique, pour donner une culture scientifique à toute la population[29]. Il proclame la nécessité d'un équilibre harmonieux entre les sciences fondamentales et les recherches appliquées, équilibre qui n'était pas réalisé au Brésil[30]. Dans une conférence, prononcée en 1925 à l'Association Brésilienne d'Éducation, sur "la haute culture et son organisation" [31], il reprend cependant des thèses plus traditionnellement positivistes: la lutte pour la science, c'est aussi la lutte contre la décadence matérielle et morale de l'humanité; les classes dirigeantes manquent de compétences, et n'ont pas une préparation suffisante (scientifique) pour résoudre les problèmes sociaux, administratifs ou techniques qui se posent. Et il reprend le discours sur "l'élite éclairé": "Notre histoire témoigne d'une longue période où une élite de valeur avait réussi à donner à notre pays un équilibre moral, un régime de discipline sociale, dont les effets bénéfiques ont été ressentis pendant longtemps, et qui ont disparu ces derniers temps. Le grand problème, la question primordiale, c'est la création d'une élite. Cette élite sera simplement formé par les hommes de haute culture". Pour Miguel Ozorio de Almeida, la haute culture ne se réduit pas à la science. La science est limitée: "Les sciences expérimentales sont justement celles qui concourent à la grande culture de l'esprit. Mais les objectifs de l'étude (la haute culture) ne doivent pas uniquement être réduits aux sciences positives. Il faut une forme de culture qui complète les déficiences de l'esprit scientifique".

Il est l'héritier des Lumières, passée au filtre de la réalité et des traditions politiques et idéologiques brésiliennes. Mais en rompant avec la vision "despotique" de l'État imposant la science à la société, par en haut, il s'est rapproché d'une certaine forme de néopositivisme libéral. Cependant, en se démarquant d'une vision étroitement "scientiste" (la science comme seul recours de l'humanité), et en donnant toute sa place à une philosophie irréductible à l'esprit scientifique (une philosophie "non-positive"), il a été plus loin que nombre de ses collègues français[32] dans la rupture avec Comte; il est, par là-même, sans doute plus proche de l'orthodoxie des philosophes des Lumières.

2.2. Paul Rivet (1876-1958)

La vocation ethnographique de Paul Rivet est née en Amérique Latine[33]. En 1901, à l'âge de 25 ans, il accompagne, comme médecin militaire, la mission géodésique française en Équateur. Il y reste 5 ans, collectant des matériaux de toute sorte sur des populations peu étudiées. Son premier travail concerne les chapeaux de paille dits "de Panama". Détaché par l'armée au Muséum à son retour en France en 1906 pour étudier les collections rapportées, il devient assistant au Muséum en 1909, et est élu à la chaire d'anthropologie en 1928. Il anime dans les années 1920/30 un "Centre académique d'anthropologie", qui jouera un rôle considérable dans le développement de cette discipline en France. En décembre 1925, le Ministère des Colonies crée à l'Institut de Géographie, un Institut d'Ethnologie. Directeur du Musée ethnographique du Trocadéro, il le fit rattacher à sa chaire. Puis, à l'occasion de l'exposition universelle de 1937, il réussit à regrouper musée, institut et collections dispersées, pour donner naissance au

Musée de l'Homme. Il le concevait à la fois comme un centre de recherches et un lieu d'éducation populaire pour donner "au peuple une idée plus forte de la dignité humaine" [34]. C'est au Musée de l'Homme que Paul Rivet et Paulo Duarte fondent dès 1945 l'Institut français des hautes études brésiliennes. Pendant de très nombreuses années, Paul Rivet fut animateur de la Société des Américanistes et de son journal. Par son action dans cette Société et au Musée de l'Homme, par les réseaux de chercheurs qu'il animait en Amérique Latine et en Afrique, il a profondément marqué entre deux guerres les études américanistes et, plus généralement l'ethnologie et les sciences coloniales.

Paul Rivet adhère au Parti socialiste aux lendemains de la première guerre mondiale. C'est en tant qu'intellectuel reconnu et militant socialiste qu'il fut porté à la présidence de Comité de Vigilance des Intellectuels Antifascistes (C.V.I.A.)[35] lors de sa création en 1934. Resté au Musée de l'Homme lors de l'occupation de Paris par les Allemands en juin 1940[36], Paul Rivet participe dès l'automne à un des premiers réseaux de résistance. Il est révoqué par Vichy le 20 novembre 1940. Il réussit à quitter Paris le 10 février 1941, le jour même où la Gestapo commence à démanteler le réseau du Musée de l'Homme[37]. Après plusieurs semaines à Lyon, et un séjour à New York en mai-juin 1941, il rejoint Bogota, invité par le Gouvernement pour y ouvrir un Institut d'Ethnologie. Nommé par le Général de Gaulle délégué du Comité français de Libération nationale, puis attaché culturel à Mexico en 1943. Après un voyage en Afrique, il regagne Paris en octobre 1944, et sera réintégré dans ses fonctions au Muséum et au Musée de l'Homme. Il est élu député socialiste de Paris de 1945 à 1951. Il est aussi au Comité Central de la Ligue des Droits de l'Homme de 1938 à sa mort. Dans les années 1950, il sera victime de l'hostilité de son successeur au Musée de l'Homme, et prendra des positions controversées sur les problèmes coloniaux. Il s'éloignera du Parti socialiste dont il rejette l'attitude pendant la guerre d'Indochine, mais accepte de défendre les positions socialistes gouvernementales au début de la guerre d'Algérie.

Dans divers textes[38] parus à partir de 1950, il manifeste une forte amertume pour tous les combats perdus pour la paix, la fraternité humaine ou les bienfaits de la science.

2.3. Henri Laugier (1888-1973)

Henri Laugier[39] a sans doute eu une production scientifique moins marquante que les deux autres personnages principaux de notre histoire. Mais ses responsabilités institutionnelles et politiques, considérables, lui donnent un rôle central dans les réseaux de sociabilité.

Titulaire d'un doctorat en médecine (1913) et d'un doctorat ès sciences (1921), Henri Laugier[40] travaille dès le cours de ses études dans le laboratoire de physiologie de Louis Lapicque[41] au Muséum, puis avec Charles Richet à la Sorbonne. Il s'oriente rapidement vers les applications sociales de la physiologie. En 1927, il est Directeur du laboratoire de physiologie appliquée à l'École pratique des hautes études, puis participe à la fondation de l'Institut national d'orientation professionnelle avec Henri Piéron en 1928, et est nommé professeur au Conservatoire

National des Arts et Métiers dans la chaire de physiologie du travail. Il anime la société de biotypologie, mais ne trouve un poste de professeur de physiologie à la Sorbonne qu'en 1937 (où il succède à Louis Lapicque), alors que les responsabilités publiques l'ont emporté sur le travail professionnel. Parmi les "savants politiques" des années 1930, il est considéré comme davantage politique que savant.

L'engagement politique d'Henri Laugier est original, et ne se fait pas directement dans des partis politiques. De manière précoce, il anime avant la guerre de 1914/18 le groupe des étudiants socialistes révolutionnaires; ce n'est que près de 50 ans plus tard qu'il adhère de nouveau à un parti, le Parti Socialiste Unifié. Entre-temps, la première guerre mondiale lui fait abandonner sa radicalité pour une idéologie basée sur le civisme et le rationalisme. C'est un socialiste non marxiste qui ne fut jamais membre du Parti Socialiste: Henri Laugier est un homme d'influence, très proche des sphères gouvernementales, mais dont l'action publique s'exerce aussi à travers des réseaux "civiques", para-politiques[42]. Ainsi, il est initié dès 1911 en franc-maçonnerie. Il participe au lancement en 1921 au lancement des "Compagnons pour l'université nouvelle"[43]. En 1930, il participe à la création de l'Union rationaliste[44].

À partir des années 1930, sa participation à la vie publique se développe. En 1934, il est un des premiers signataires pour la création du C.V.I.A. Lors du Front Populaire en 1936, il est directeur du Cabinet du Ministre des Affaires Étrangères, puis en 1937 chef du Service Central de Recherche Scientifique, qui préfigure le CNRS. En 1939, il est directeur du Cabinet du Ministre de l'Éducation Nationale[45], et est le premier directeur du CNRS lors de sa fondation en octobre 1939. En juin 1940, il quitte ce poste pour partir à Londres, où il travaille avec Louis Rapkine[46], sous l'égide de la Fondation Rockefeller, à exfiltrer des savants, notamment juifs, des pays occupés par les Nazis, vers l'Angleterre ou les Amériques. Il est révoqué par Vichy dès juillet 1940. En janvier 1941, il est nommé professeur de physiologie à l'Université de Montréal, poste qu'il partage avec Paul Rivet, Paulo Duarte et Louis Rapkine[47]. À partir de 1942, il anime aux USA une association de soutien à la France Libre, *France Forever*. Il quitte Montréal en juin 1943 pour prendre le poste de Recteur de l'Université d'Alger. En 1944, il assure les fonctions de Directeur des relations culturelles et scientifiques au Ministère des Affaires Étrangères[48]. En 1946, il est élu Secrétaire Général adjoint de l'ONU. Enfin, il est nommé membre du Conseil exécutif de l'Unesco en 1952.

Les idées et engagements d'Henri Laugier le rattachent aux courants scientistes des années 1930 qui ont conduit de nombreux scientifiques à une intervention publique réformatrice. A cette époque, les interrogations sur les conséquences de la science sont nombreuses provoquées par l'utilisation de la science pendant la guerre de 1914/18, le taylorisme et la crise économique de 1929, et la montée de l'irrationalisme et du fascisme. Tous donnent à la science un rôle central dans les réformes à faire. Des courants d'inspiration technocratique privilégient des réformes par le haut, en commençant par une réforme de l'État et en développant une utilisation rationnelle de la science dans l'économie pour sortir de la crise. D'autres, se revendiquant du marxisme, voient dans le capitalisme un frein qui empêche le développement de la science, et qui en favorise les applications négatives au lieu de celles qui pourraient servir au bien-être social[49]. La lutte des classes et la victoire de la révolution sont donc des conditions nécessaires et préalables au développement d'une société rationnelle.

Henri Laugier occupe une position intermédiaire entre ces deux courants, position que l'on peut qualifier d'humanisme scientifique ou de science progressiste. C'est par l'éducation, et non pas par des réformes technocratiques d'en-haut, que la science pénètre dans la société et y répand ses bienfaits. Le rationalisme d'Henri Laugier est tempéré par l'héritage du socialisme jauressien[50] de la fin du XIXe. Il se méfie de ceux qui voient dans l'organisation rationnelle de la société la quintessence du socialisme. C'est en ce sens, qu'après le voyage obligé en Union soviétique en 1931, il est réservé sur l'ultrarationnalisme du système, au contraire de nombre de ses collègues[51].

Miguel, Paul, Henri sont actifs en permanence à 4 niveaux de réseaux de sociabilité, qui s'emboîtent les uns dans les autres. **Les autres**, ce sont leurs collègues qui se retrouvent aussi dans ces mêmes réseaux. Nous en avons déjà croisé quelques uns, et nous en croiserons d'autres. Mais nous n'avons guère la place de donner des indications biographiques, et notamment: Paulo Duarte, Carlos Chagas Filho, Branca Fialho et Paulo Estevam de Barredo Carneiro parmi les Brésiliens, Georges Dumas, Henri Piéron, Henri Bonnet, Louis Lapicque, Gabrielle Mineur, René Wurmser, et Louis Rapkine parmi les Français.

3. Les Réseaux de Sociabilité

3.1. Les Réseaux Institutionnels

En novembre 1907, des professeurs, représentatifs des principales institutions universitaires françaises, constituent un "Groupement" [52] pour développer les relations avec l'Amérique Latine. Jusqu'à la fin du XIXe, les échanges scientifiques se faisaient avant tout, côté français, sur une base principalement individuelle[53], non organisée; inversement, la volonté de modernisation de l'État, au Brésil notamment, donnait aux gouvernements en Amérique Latine un rôle moteur pour ces échanges. La montée des rivalités entre les puissances européennes qui a débouché sur la guerre de 1914/18 s'est traduite par l'intervention des États européens dans les relations scientifiques et culturelles. La création du Groupement, parmi de nombreux autres organismes, manifeste la reconnaissance de l'importance du "rayonnement culturel" pour construire des camps politiques et des réseaux d'influence autour de chaque pays. Cette initiative rencontre une demande de la part des communautés scientifiques naissantes en Amérique Latine au début du siècle, et favorisera donc le développement de relations scientifiques.

Après la première guerre mondiale, le Groupement tente, avec la participation d'intellectuels latino-américains, de mettre en place des Instituts de Haute Culture, notamment au Brésil, au Mexique et en Argentine. À Rio, l'Institut Franco-Brésilien de Haute Culture se constitue en septembre 1922 chez Affonso Celso, lors du centenaire de l'indépendance du Brésil, alors qu'une forte délégation d'universitaires français était présente[55]. Il est rattaché à l'Université de Rio, qui regroupait la faculté de droit, la faculté de médecine et l'École Polytechnique. Sans murs, sans chaire fixe (contrairement à celui de Buenos Aires et, dans les années 1930, à celui du Mexique), cet Institut avait pourtant de grandes ambitions: faire venir à Rio, chaque année, des universitaires français, pendant deux mois, pour des séries de cours dans les institutions scientifiques brésiliennes et, réciproquement, faire enseigner des universitaires brésiliens à l'Université de Paris. Le programme sera tenu: 4 Français font le voyage les 3 premières années, et de 1925 à 1939, il y a 2 Français dans un sens, et 2 Brésiliens dans l'autre. Au total, de 1922 à 1939, 41 universitaires français[55] sont venus à Rio, en grande majorité en lettres et en médecine. 10 professeurs en "sciences exactes" sont venus, en liaison étroite avec l'Académie Brésilienne des Sciences ou avec l'École Polytechnique, mais jusqu'en 1928 seulement. À partir de 1934 à São Paulo et de 1936 à Rio, des missions universitaires (où les cours durent plus longtemps et sont intégrés à de véritables chaires) viendront compléter les Instituts.

Georges Dumas[56], côté français, et Miguel Ozorio, côté brésilien, sont les piliers de ces échanges[57]. Georges Dumas est pleinement intégré au "Grão Fino", et accompagne l'évolution de l'Institut de Haute Culture vers des conférences "de prestige" pour appuyer l'action diplomatique de la France, au détriment de véritable cours universitaires. Miguel Ozorio, inversement, souhaite[58], dès 1925, que l'Institut débouche sur une véritable faculté des sciences, où l'encadrement soit assuré par des Brésiliens formés à l'étranger et des professeurs recrutés en Europe pour une longue durée. Selon lui, il ne sert à rien de se contenter de former des étudiants à l'étranger si, au retour, ils ne trouvent pas des institutions pour y faire de la recherche. Il demande[59] de nouveau, en 1929, une refonte des échanges scientifiques entre le Brésil et la France: il propose un système de bourses pour qu'étudiants français et brésiliens puissent faire des études dans l'autre pays. Il souligne aussi qu'à Rio, il vaut mieux faire des cours de professeurs français avec une douzaine d'auditeurs, dont la moitié tireront profit pour leur travail scientifique, que des conférences sur des sujets généraux avec des centaines de spectateurs, dont il ne restera rien[60]. En 1937, Miguel Ozorio refait les mêmes critiques, et va encore plus loin dans ses propositions: il suggère la création d'un institut de recherches, commun à la France et au Brésil, spécialement destiné à des recherches de base[61]. Il faut, selon lui, continuer les conférences, mais elles ne répondent plus aux exigences du travail scientifique moderne: sa propre expérience en physiologie montre la nécessité d'une caisse de recherches conjointes.

Des tentatives de réformes du Groupement ont lieu peu avant guerre. Tirant le bilan du succès de la mission universitaire de l'USP, Georges Dumas lui-même finit par refuser les "grands maîtres météores" et plaide en décembre 1937, avec Paul Rivet, pour de séjours prolongés de jeunes universitaires capables de former des élèves sur place. En 1938, une enquête des services culturels des ambassades en Amérique Latine montre le déclin de l'influence française, et regrette notamment le peu de bourses pour des étudiants latino-américains en France. Le Groupement essaie alors de se reconstruire sur la base de comités scientifiques par pays, sous l'égide directe du Service des Oeuvres au Ministère des Affaires Étrangères. Paul Rivet (Mexique et Équateur), Louis Lapicque (Chili) et Henri

Piéron (Colombie) sont chargés de coordonner, avec d'autres, celle relance, à laquelle Henri Laugier apporte aussi sa contribution en tant que Directeur du Service central de la recherche scientifique.

Dissous par Vichy en 1941, le Groupement cherche à se reconstituer après-guerre. Pasteur Vallery-Radot fait, à la tête d'une mission, le tour de l'Amérique Latine au début de 1945 pour tenter de réactiver les anciens réseaux[62]. L'assemblée de refondation du Groupement a lieu à Paris le 18 octobre 1945; Paul Rivet fait partie des nouveaux responsables élus. Cependant, entre la poursuite de l'orientation ancienne qui s'appuie sur le prestige de quelques grands noms, et une orientation plus moderne basée sur une coopération plus équilibrée, le choix est difficile à faire pour les responsables.

Les modalités d'échanges scientifiques défendues par Miguel Ozorio sont aussi celles souhaitées par Paulo Duarte[63], Paul Rivet qui a repris la direction du Musée de l'Homme, et Henri Laugier qui a pris la relève de Jean Marx au Ministère des Affaires Étrangères. Paul Rivet fonde fin 1944, à Paris, avec Paulo Duarte, l'Institut Français des Hautes Études Brésiliennes. Le premier en est Président, le second Secrétaire Général. Des antennes[64] sont constituées à Rio et São Paulo.

Avant même la mission de Pasteur Vallery Radot, Paul Rivet avait envoyé Raymond Warnier[65] d'Alger à Rio pour relancer les relations culturelles et mettre de côté les adversaires de la France Libre[66]. Au Brésil, et notamment, à l'Ambassade de Rio, les conflits entre les partisans de la France Libre et les adeptes de Vichy ont été nombreux. Les ralliements ont été souvent tardifs, et ont laissé de l'amertume. Il faut noter que les partisans de la France Libre avaient tenté de s'appuyer sur le Brésil pour une activité éditoriale[67] de livres scientifiques, écrits à New York ou à Rio. Raymond Warnier explique en septembre 1944[68] que l'agitation étudiante a pour cible Vargas, et les messages de soutien des étudiants pour la libération de la France sont censurés par la presse gouvernementale. Quand des universitaires français font des conférences dans un cadre officielle, ils sont mal reçus, mais font un triomphe, comme Roger Bastide, quand ils se gardent de toute interférence gouvernementale. 18 mois après, il estime son bilan positif[69]: les professeurs les plus âgés, et ceux qui étaient restés proches de Vichy[70] pendant la guerre, ont été renvoyés en France, des postes de lecteurs ont été créés dans plusieurs universités hors Rio et São Paulo, etc.

Henri Laugier appuie l'envoi de Gabrielle Mineur[71] à Rio en 1946 comme attachée culturelle et scientifique. Proche de Jean Perrin à l'origine, elle avait été la collaboratrice d'Henri Laugier avant-guerre, et avait continué à son poste de secrétaire générale du CNRS les premiers mois de la guerre. Elle avait repris sa fonction au CNRS après-guerre, mais souhaitait pour des raisons privées, partir à l'étranger. Branca Fialho[72] voulait obtenir le départ de l'attaché culturel français à Rio, et s'était adressée directement à Louis Joxe, successeur d'Henri Laugier à la direction des relations culturelles et scientifiques du Ministère des affaires étrangères. Mise en relation avec Gabrielle Mineur, Branca Fialho a soutenu avec succès sa candidature pour Rio. Cette nomination traduit la volonté de rompre avec les logiques diplomatiques d'avant-guerre pour donner une base profession-nelle aux échanges. Gabrielle Mineur connaissait les ressources du CNRS - laboratoires et individualités – par coeur, et était personnellement impliquée dans les réseaux autour de Laugier. Pour avoir une structure permanente, elle fonde donc le centre Brésil-France[73] à Rio. Il a fallu en particulier qu'elle se batte pour laisser aux Brésiliens[74] le choix des scientifiques français à inviter, et mettre les diplomates de l'Ambassade et de Paris à l'écart. Il s'agissait de tisser des liens directs entre le CNRS et les laboratoires brésiliens, ce que les bureaux du Ministère n'apprécient guère.

Programmé début 1948, le Centre ne pourra fonctionner véritablement qu'en 1949. Il suscite une très forte opposition dans une partie de l'Alliance française de Rio, refuge des notables traditionnels, qui craint pour son existence, et qui veut contrôler un tel Centre à défaut de pouvoir l'empêcher. Gabrielle Mineur devra faire intervenir plusieurs de ses soutiens auprès du Ministre et accepter de mettre à l'écart Branca Fialho[75] des structures officielles du Centre pour pouvoir faire démarrer les activités du Centre. Les Brésiliens ont un rôle dominant dans le Centre, au contraire de ce qui se passait avec l'Alliance Française. Son premier Président est Arthur Moses, également Président de l'Académie des Sciences. Miguel Ozorio est un des trois vice-présidents, Gabrielle Mineur la secrétaire générale, et Carlos Chagas Filho directeur pour le secteur "sciences". Cependant, le Ministère des Affaires Étrangères ne put jamais se faire à l'idée de ne plus pouvoir tout régenter. Il multiplia donc les obstacles financiers. Le Groupement, lui, disparaîtra en 1957, peu après avoir donné naissance à l'Institut des Hautes Études sur l'Amérique Latine[76]. Le Centre est finalement torpillé[77] par le Ministère qui voulait en finir avec son autonomie, et Gabrielle Mineur repart en 1961 à Paris, sans être véritablement remplacée.

Tout en partageant la conception de Paul Rivet, Henri Laugier et Gabrielle Mineur, Miguel Ozorio reste aussi fidèle à ses relations plus anciennes. Au nom de ce passé, il est sommé de défendre la tradition: Raymond Ronze a peur que l'Institut Rivet-Duarte ne fasse de l'ombre au Groupement et à l'Institut de Haute Culture. Il demande donc à Miguel Ozorio d'intervenir: "Monsieur Pasteur Val-lery-Radot et nous-mêmes vous prions de bien vouloir faire en sorte que, conformément aux désirs de l'Ambassade, de Georges Dumas et de nous-mêmes, la mission de Paulo Duarte ne gêne en rien les travaux de l'Institut de Haute Culture. Ce dernier institut a en effet un rôle important et officiel à jouer. Nous ne pouvons que regretter une initiative inopinée et une certaine similitude de nom. Au nom de l'esprit nouveau, infiniment sérieux, que nous voulons voir désormais régner dans nos relations intellectuelles, esprit que vous incarnez si bien, nous vous demandons de faire en sorte à Rio comme nous le ferons à Paris, qu'aucune confusion soit créée"[78]. Il y reviendra pour l'Institut fin 1946[79]. L'Institut semble servir de sigle pour organiser le voyage des Brésiliens en France, celui des Français au Brésil se faisant sous l'égide du centre Brésil-France. Mais tout dépend des Affaires Étrangères. Carlos Chagas Filho semble être un des principaux bénéfi-ciaires brésiliens: on le voit en 1946, en 1947, en 1950, en 1955, etc.

3.2. Les Réseaux Professionnels

S'appuyant plus ou moins directement sur le Groupement et les Instituts de Haute Culture, des relations professionnelles directes se développent à partir des années 1920, plus "horizontales" entre chercheurs et laboratoires. Elles sont importantes dans deux des domaines qui sont au coeur des sciences coloniales françaises: le Muséum et l'Institut Pasteur. Pour des scientifiques français, le Brésil est en effet un pays tropical, objet d'études (en sciences naturelles, médecine et ethnologie) qui peuvent aider le travail scientifique fait dans les colonies françaises. Mais la personnalité de Miguel Ozorio va permettre le développement d'un réseau d'échanges en physiologie, un domaine absent des sciences coloniales françaises.

Nous laisserons de côté pour cette étude l'Institut Pasteur et la médecine tropicale qui sont présent sen Amérique Latine dès la fin du XIXe siècle. Avant d'en venir à Miguel Ozorio et aux physiologistes, puis à Paul Rivet, au Muséum et à ses réseaux d'ethnologues, il faut évoquer le rôle joué dans un autre domaine, la chimie, par la mission militaire française présente à Rio dans les années 1920 et 1930.

La mission militaire française[80] a comporté des ingénieurs chimistes, qui ont mis sur pied des cours de chimie appliquée pour les ingénieurs militaires et participé aux activités de l'Académie des Sciences. John Nicoletis, polytechnicien, ingénieur des Poudres, arrive en avril 1921. Il rédige notamment les cours que Jacques Hadamard, venu dans le cadre du Groupement fit en 1924 à l'Académie. Il repart en 1928. Jean Pépin Lehalleur arrive au début de 1924. C'est un chimiste civil, intégré à la mission militaire. Il aura la responsabilité de la mise en oeuvre des cours de chimie, et collaborera régulièrement avec l'Académie des Sciences jusque dans les années 1930, tant en participant aux séances de l'Académie (il est élu membre étranger en 1925) qu'en publiant des dizaines d'articles dans les annales de l'Académie. Il s'occupe d'applications de la chimie à l'industrie, l'agriculture et l'armée. Il retourne en France en 1933 et représente le Brésil au congrès de chimie industrielle de Paris en 1937. Il n'y aura pas de suite directe de cette coopération dans le domaine de la chimie[81].

3.2.1. Miguel Ozorio et les physiologistes

C'est avec Joseph Babinsky que Miguel Ozorio initie des relations professionnelles directes avec des physiologistes français: il lui communique en 1912 les résultats d'une expérience faite dès 1910, et que Babinsky avait refaite de manière indépendante en 1911. Babinsky reconnaîtra immédiatement l'antériorité de Miguel Ozorio sur ce point[82]. Il fait de fréquents séjours dans les laboratoires français, avec Laugier, Lapicque, Piéron; il fréquente Rivet, Gley, Wallon, etc., avant-guerre. Quand, en février 1928 Branca Fialho est à Paris, ce sont les mêmes noms qui reviennent dans les lettres qu'elle écrit à son frère sur son séjour: Henri Piéron, Ernest Gley, Louis Lapicque, Henri Laugier, Annette et Alfred Fessard[83].

Ernest Gley et Henri Piéron rencontrent Miguel Ozorio à Rio en 1923. Avec le premier, il fera une publication conjointe dans les *Comptes Rendus de la Société Française de Biologie*, à la suite des travaux réalisés ensemble à Rio. Inversement, en 1927 à Paris, Miguel Ozorio travaille dans le laboratoire d'Ernest Gley[84] au Collège de France. Mais Ernest Gley meurt peu après. Avec Henri Piéron, les relations seront plus étroites. Plusieurs dizaines de lettres entre 1923 et 1932 en témoignent, ainsi que 5 publications conjointes en 1924 dans les *Comptes Rendus de la Société Française de Biologie*[85]. Là encore, cela concerne des travaux faits ensemble à Rio. Miguel Ozorio participe aussi au volume jubilaire en hommage à Henri Piéron[86].

En 1925, Miguel Ozorio est à Paris pour participer à la semaine de la chronaxie, organisée par Louis Lapicque. Il y fait notamment la connaissance d'Alfred Fessard[87], d'Henri Laugier et d'Henri Piéron. Il débute une collaboration aux *Tables Annuelles des Constantes*, programme éditorial auquel il fera adhérer officiellement le Brésil[88].

Alfred Fessard vient pour la première fois au Brésil en 1926[89], à l'invitation de la Ligue Brésilienne d'Hygiène Mentale, accompagné de sa première femme Annette. Il travaille donc naturellement dans le laboratoire des frères Ozorio lors de ce séjour. C'était un élève de Louis Lapicque et de Henri Laugier. Il est revenu au Brésil à plusieurs reprises après guerre, et travaille à l'Institut de Biophysique avec Carlos Chagas Filho[90]. Inversement, à Paris, Miguel Ozorio et Carlos Chagas Filho travaillent au laboratoire d'Alfred Fessard. En 1947, Miguel Ozorio, de nouveau à Paris pour l'Unesco, en profite pour travailler au laboratoire d'Alfred Fessard au Collège de France, et ainsi reprendre les traditions d'avant-guerre.

En 1926, Henri Laugier est à São Paulo, avec Henri Piéron. Il s'arrête à son passage à Rio pour travailler avec Miguel Ozorio[91]. Il rejoint ainsi la "grande famille de la rue Machado de Assis"[92].

En août et septembre 1927, c'est au tour de Louis[93] et Marie Lapicque d'être présents à Rio. Louis Lapicque sera élu membre correspondant, et reçu solennellement, le 27 septembre à l'Académie des Sciences. Mais quand Miguel Ozorio présente sa théorie générale de l'excitation en 1927, l'accueil réservé par Louis Lapicque est négatif[94]: il sera le principal contradicteur des interprétations faites par Miguel Ozorio, lequel continuera à améliorer sa théorie jusqu'en 1934, puis la remettra sur le métier en 1944. En 1949 seulement, Louis Lapicque et son élève Monnier, rendront hommage aux avancées scientifiques qu'ont représenté les théories de Miguel Ozorio, et notamment leur partie mathématique.

Miguel Ozorio publiera aussi d'autres articles en collaboration avec des chercheurs français[95]. Sa participation aux relations scientifiques "officielles" a été le point de départ de relations professionnelles directes avec des chercheurs français. On peut y voir le passage à des relations scientifiques plus "modernes", moins diplomatiques. Cela ressort tant des propositions faites en 1937 de Fondation pour des recherches communes franco-brésiliennes que du soutien qu'il apporte à Paulo Duarte et Paul Rivet après guerre. Mais le grief lui en est quand même fait: selon Gabrielle Mineur[96], il avait fini par confondre l'oeuvre commune de développement des échanges scientifiques et culturels, une oeuvre de civilisation qui vaut par elle-même, avec son intérêt personnel, en tant que chercheur, pour s'impliquer dans les échanges scientifiques.

3.2.2. Paul Rivet, le muséum, et les anthropologues

Paul Rivet ne cessera de s'intéresser à l'Amérique Latine. Avec Georges Dumas, il est celui qui s'y rend le plus fréquemment, dans le cadre du Groupement[97] ou en dehors. notamment au Brésil en 1928. *Les Origines de l'Homme Américain*, livre publié pour la première fois en 1943, représente la synthèse de son travail sur l'Amérique Latine. L'importance de Paul Rivet réside aussi dans sa capacité à utiliser ses positions institutionnelles (au Groupement, au Muséum et au Musée de l'Homme, à la Société des Américanistes) pour tisser des réseaux de correspondants, y capter des savants présents sur le terrain, les orienter vers des missions, les aider à trouver des financements et leur donner des conseils en tout genre. Le Mexique et l'Amérique centrale viennent en tête de ses préoccupations. A Mexico, il fonde "l'École Française d'Amérique Latine", qui est pourvue d'un poste permanent à partir de 1930. De jeunes ethnologues français s'y succéderont chaque année jusqu'en 1940, parmi lesquels Ricard, Weymuller, Stresser-Péan et Soustelle.

Paul Rivet vient pour la première fois au Brésil en 1928, en même temps que Maurice Caullery[98]. Il est élu membre étranger de l'Académie des Sciences, et fait la connaissance de Jehan Vellard. Avant même cette date, il entretenait une correspondance[99] avec des chercheurs du Museu Nacional de Rio, et avait commencé à travailler avec des naturalistes français déjà sur place.

C'est le cas du R.P. Constant de Tastevin qui séjourne au Brésil comme missionnaire entre 1905 et 1914, et recueille des documents ethnographiques et linguistiques sur des tribus amazoniennes. A son retour en France, il remet ces documents à Paul Rivet, et collabore désormais avec lui. Fin 1919, sur recommandation de Paul Rivet, il obtient une mission du Ministère de l'Instruction Publique pour retourner en Amazonie, dans la préfecture de Teffé, renouvelée jusqu'en 1926. Il travaille principalement sur la langue Tupi. Il quitte le Brésil pour prendre en 1927 la chaire d'ethnologie à l'Institut Catholique de Paris[100].

C'est aussi le cas d'un naturaliste venu de son propre chef en Amazonie, Paul Lecointe[101]. Préparateur à l'Institut de Chimie de Nancy, il part, fin 1891, après avoir suivi une formation de voyageur naturaliste au Muséum, pour explorer les confins du Brésil et de la Guyane.Une mission gratuite lui est accordée par le Ministère de l'Instruction Publique, mais lui est ensuite retirée devant le veto du Ministère des Affaires Étrangères: la zone est contestée entre le Brésil et la France. Il poursuit quand même ses explorations et entre en correspondance avec Paul Rivet[102]. Ses travaux seront publiés en 1921 dans deux volumes, *l'Amazonie Brésilienne*. Il reçoit pour cet ouvrage le prix Binoux de l'Académie des Sciences de Paris. En 1920 il fonde et dirige une École de Chimie Industrielle à Belém; fermée par Vargas en 1931, elle n'ouvre de nouveau qu'en 1956, année de sa mort à Belém.

C'est le cas enfin de Jehan Vellard venu par lui-même au Brésil en 1923, après la fin de ses études de médecine. Il travaille depuis cette date en Amérique Latine. Jusqu'en 1928, il étudie, avec Vital Brazil à Niterói, puis à São Paulo, puis de nouveau à Niterói, les araignées, les venins de crapaud et de serpent[103]. La rencontre avec Rivet et Caullery en 1928 à Rio est un tournant. Rivet raconte[104]:

"Le Professeur Caullery, qui se trouvait également en mission au Brésil, et moi-même nous fûmes aussitôt séduits par l'extraordinaire connaissance que J. Vellard avait de la nature tropicale. Biologiste dans l'âme, il fut pour nous, Européens un peu désorientés dans un milieu nouveau, le plus sûr et le plus précieux des guides. Comme il m'avait manifesté le désir d'entreprendre de grands voyages d'études, je lui promis de l'aider à les réaliser, certain que son tempérament de naturaliste saurait s'adapter à l'observation ethnologique." Depuis cette rencontre, Vellard restera en étroite relation avec Rivet, Caullery et le Muséum. Caullery s'occupe surtout du volet financement en France. Rivet s'occupe du financement en Amérique Latine, du programme des missions, et de la publication des résultats. En contrepartie, Jehan Vellard collecte différents matériaux et documents zoologiques et ethnographiques pour le Muséum et le Musée de l'Homme.

Jehan Vellard effectue une première mission de Rio au Para, par le fleuve Araguaya, en passant par Goyaz, le Tocantins, l'Amazone, du 15/07/29 au 17/12/29[105]. Il obtient le titre de "correspondant du Muséum", reprend son travail sur les serpents dans un laboratoire biologique qu'il fonde avec Miquelotte Vianna. La seconde mission marque son tournant de la zoologie vers l'ethnographie. Il l'effectue au Paraguay, dans le Gran Chaco, du 15 juillet 1931 au 16 janvier 1933[106]. De retour à Rio, il travaille sur le curare, mais s'occupe principalement d'exploiter les matériaux rapportés du Chaco. Il bénéficie pour ce faire de subventions de la Caisse Nationale des Sciences[107] en 1933 et 1934. Depuis 1930, Jehan Vellard se sent très mal au Brésil, et cherche à en partir[108]. Il dit ne pas supporter le tournant nationaliste, qui lui interdit de trouver un poste permanent dans une institution scientifique brésilienne, ni l'instabilité politique chronique. Il presse donc Paul Rivet de lui trouver des missions.

En juin 1935, Jehan Vellard trouve un poste au Pernambouc, invité par Paulo Carneiro à l'Institut de Recherches Agronomiques[109] de Recife. Malgré les troubles politiques, qui ont forcé Paulo Carneiro à démissionner dès décembre 1935, il y restera jusqu'à la fin de 1937. Pendant son contrat à Recife, il a pu effectuer sa troisième mission du 03/02/36 au 22/07/36 au Venezuela, pour étudier "l'ethnographie, l'archéologie, l'anthropologie et la linguistique des populations de la cordillère de Merida"[110]. Il presse Rivet de le renvoyer au Chaco, mais il y a la guerre, ou au Venezuela, ou encore en Bolivie, où il réussit à passer quelques mois au début de 1938. Quand Claude Levi-Strauss commence à organiser début 1937 une mission pour aller explorer le Matto Grosso, Paul Rivet demande à Jehan Vellard d'y participer. Très réticent[111], ce dernier finit par accepter. La mission se forme en mai 1938 à Cuyaba dans le Matto Grosso, et se termine en décembre de la même année. Elle est supervisée par Paul Rivet et la Caisse Nationale des Sciences. Claude Levi-Strauss, Dinah Levi-Strauss et Luis de Castro Faria y participent avec Vellard, plus spécifiquement chargé de la partie "anthropologie physique", de la médecine, des sciences naturelles et de la biologie (en liaison avec Caullery)[112].

Vellard retourne à Rio en 1939, et travaille dans le laboratoire de Miguel Ozorio. Ses différents travaux sur le curare dans les années 1930 font l'objet d'un livre[113]. En 1940, il réussit enfin à quitter le Brésil pour occuper divers postes en

Bolivie, en Argentine et au Pérou. Il revient quelques mois en 1944 à Rio, et s'installe finalement au Pérou, où il fonde et dirige le Centre Français d'Études Andines. De nouveau en Bolivie, il fonde l'Institut Franco-Bolivien de Biologie des Hauteurs dans les années 1960, avant de finir sa carrière[114] comme professeur à l'Université de Buenos Aires.

Paulo Duarte (1899-1984) est pareillement capté dans les réseaux de Paul Rivet, dont il fait la connaissance lors de son premier exil en France en 1932, après l'échec de la révolution constitutionnaliste de São Paulo. Avocat, spécialisé en anthropologie criminelle, il évolue vers la préhistoire et l'anthropologie générale avec Paul Rivet. Il retourne en 1934 au Brésil, et participe à la création de la Faculté de Philosophie, de Sciences et de Lettres à l'Université de São Paulo (FFCL-USP)[115]. Laissant augurer des conflits qui surgiront en 1945/46, il ne semble pas vraiment s'intégrer aux réseaux traditionnels de Georges Dumas et du Groupement qui avaient organisé les missions universitaires de 1934 et 1935. Paulo Duarte revendique notamment[116] la paternité du recrutement de Claude Levi-Strauss en 1935 à l'USP, dont Georges Dumas n'aurait pas voulu en raison de son appartenance affichée au Parti Socialiste. Selon Claude Levi-Strauss lui-même[117], il a eu trois heures pour se décider après un coup de téléphone de Célestin Bouglé, qui lui avait vanté la possibilité d'étudier les Indiens dans la banlieue de São Paulo.

Paulo Duarte est expulsé de nouveau du Brésil après le coup d'état de Vargas de la fin 1937. Rivet l'invite au Musée de l'Homme[118]. Il y reste jusqu'en octobre 1940, quand il doit partir pour les USA. Il revient en Europe, à Lisbonne, en juillet 1943, puis à Paris, après la Libération. Il crée l'Institut Français des Hautes Études Brésiliennes avec Rivet, et rentre au Brésil en octobre 1945. Davantage d'un travail scientifique direct, Paulo Duarte contribuera à l'animation de l'Université de São Paulo et, comme journaliste et écrivain, éditera de 1950 à 1962 la revue politico-culturelle *Anhembi*. En 1950, Paul Rivet publiera son testament politique dans *O Estado de São Paulo*, dont Paulo Duarte a repris la direction à son retour d'exil[119]. Il sera de nouveau expulsé de l'Université pour le régime militaire en 1969.

La physiologie et l'ethnologie offrent donc des configurations différentes au regard des relations scientifiques officielles entre le Brésil et la France: dans le premier cas, les relations professionnelles ont leur origine dans les relations officielles, et y sont restées adossées. Dans le deuxième - et sans doute le cas des Pasteuriens est semblable -, les relations professionnelles ont été largement autonomes, tout en s'appuyant en partie sur les organismes officiels. Dans les deux cas cependant, les réseaux professionnels ne peuvent se comprendre ni indépendamment des relations officielles, ni sans les réseaux politiques évoqués plus loin.

4. La coopération intellectuelle entre Deux Guerres, l'Unesco après 1945, l'organisation des relations scientifiques internationales multilatérales

Le dernier tiers du XIXe siècle avait vu le développement des premières unions scientifiques internationales, et la multiplication des congrès scientifiques internationaux. Cela fait partie de la formation de communautés scientifiques internationales, et aide à la participation de savants non-européens. Cependant, chaque État se préoccupait avant tout de son rayonnement scientifique, indicateur de son "génie national" et source de prestige culturel et d'influence politique. Le nationalisme et la rivalité entre les puissances européennes ne favorisaient donc pas les institutions scientifiques multilatérales autres que sur une base très professionnelle. La coopération scientifique internationale restait à inventer.

Un premier changement intervient lors de la guerre de 1914/18, qui provoque la rupture des unions scientifiques internationales[120], et la formation de plusieurs blocs d'académies ou d'unions. L'Académie des Sciences du Brésil avait rejoint le bloc des académies alliées. Devant la persistance du boycott anti-allemand dans ces unions, la Société des Nations constitue en août 1922 une "Commission Internationale de Coopération Intellectuelle" (CICI) avec des savants et des écrivains choisis pour leurs mérites personnels, mais néanmoins représentatifs d'une culture ou d'un pays. C'est un moyen de contourner l'absence de certains pays de la SDN, et d'en finir avec le boycott: Albert Einstein par exemple est coopté dans cette commission. La CICI siège à Genève.

La CICI est confrontée à deux enjeux, qui seront aussi parmi ceux de l'Unesco. Quelle est la fonction sociale de la science dans chaque civilisation, et son rôle dans les relations entre les pays? Le modèle européen est-il le seul à prendre en considération, et le but ultime à se fixer? Le cadre de cet article ne permet qu'un survol rapide de la manière dont la CICI et l'Unesco ont abordé ces enjeux, et une telle étude reste à faire. Nous nous sommes donc contenté de rappeler les bases de l'organisation de la coopération intellectuelle du temps de la SDN, et de présenter un des premiers projets significatifs de l'Unesco, celui de publier une Histoire scientifique et culturelle de l'Humanité.

La CICI conserve une approche très abstraite des relations scientifiques et culturelles internationales: c'est la "société des esprits", chère à Paul Valéry, capable par elle-même, par son rayonnement, de faire avancer la paix entre les peuples. La science ou l'éducation n'y ont pas de place particulière. La CICI comptait 8 scientifiques à sa création, mais n'en avait plus que 2 en 1939. Ces organismes sont particulièrement élitistes, et, surtout, complètement européocentrés. L'universalité de la culture est proclamée, mais seule la culture européenne est considérée: nous sommes encore en pleine époque du colonialisme. Le délégué indien contestera fortement cette conception.

Un Brésilien[121], Aloysio de Castro, a été choisi parmi les 15 membres de la CICI en 1922. Son mandat vient à échéance en 1930, et la candidature de Miguel Ozorio est proposée, avec le soutien de la délégation française, pour le remplacer. C'est un échec, il n'y a plus de Brésiliens à la CICI. Miguel Ozorio est de nouveau candidat en 1932 et 1934, subissant deux nouveaux échecs. Ce n'est qu'en mai 1939 qu'il réussit à être élu dans le coeur de l'élite intellectuelle internationale. Ses voyages en Europe de 1939 et 1940 sont motivés par les réunions de la CICI à Genève.

En principe, la CICI est complétée par des "Commissions Nationales de Coopération Intellectuelle". La Commission Brésilienne (CBCI) a beaucoup de mal à se constituer. Formellement, elle est créée en 1926 avec 10 personnes, sans la participation de Miguel Ozorio, mais semble disparaître avant 1929. Une tentative de relance a lieu au début de 1933, Roquette Pinto en prenant la présidence à la place d'Aloysio de Castro. Elle fait long feu. Pour préparer une conférence mondiale des commissions nationales, programmée pour 1937, Miguel Ozorio est nommé président de la CBCI fin 1935. La CBCI semble, selon les journaux de l'époque, se réunir régulièrement en 1936 et 1937. Elle adopte de nouveaux statuts, élargit le nombre de ses membres, organise des réceptions de scientifiques et d'intellectuels étrangers en visite à Rio.

Pour appuyer la CICI, mais aussi pour faire ressortir davantage encore son influence dans les relations intellectuelles, le Gouvernement français prend l'initiative de constituer, à Paris, en 1925, un Institut International de Coopération Intellectuelle (IICI). Il sera le "bras armé" de la CICI, en menant un programme de rencontres et de publications. C'est au titre de l'IICI que Miguel Ozorio voyage à Paris en 1935 et 1937, juillet 1937 étant le "mois de la coopération intellectuelle", avec la rencontre de toutes les commissions nationales. Henri Bonnet est le directeur de l'IICI: c'est un proche d'Henri Laugier, et c'est donc par son intermédiaire que se boucle cette nouvelle sociabilité franco-brésilienne. Malgré ses responsabilités pour les relations internationales, au niveau du Ministère, Henri Laugier ne semble pas avoir participé directement aux rencontres et activités de l'IICI, au contraire de Paul Langevin[122]. Miguel Ozorio participe aux débats lancés par l'IICI parmi les intellectuels. Ces débats se déroulent selon un schéma bien établi: sur un thème donné, un ou deux "grands intellectuels" écrivent à leurs collègues, et les réponses font l'objet de livres. Par exemple, sur le thème "Pour une société des esprits", Paul Valéry et Henri Focillon ouvrent le débat. Miguel Ozorio est un des premiers dont la réponse est publiée[123]. Un autre débat sur "Orient/Occident" est lancé par deux lettres de Gilbert Murray et Rabindranah Tagore et publié par l'IICI en 1935. C'est le même principe qui régissait le débat lancé par une "lettre aux intellectuels neutres" de Miguel Ozorio en 1939 sur le nazisme et les menaces de guerre; mais c'était trop tard, et l'occupation de Paris par les Allemands a provoqué la destruction des manuscrits des réponses[124].

Avec la guerre, la SDN et sa CICI disparaissent. l'IICI lui-même ne survit pas à l'occupation de la France par l'Allemagne en 1940, malgré les tentatives de la France libre de le faire vivre en exil. Une réunion en ce sens est organisée à Cuba en 1941: Miguel Ozorio y participe[125]. Quand, à partir de 1943, les Alliés se préoccupent de préparer la reprise des relations culturelles et de donner une place à l'éducation dans un monde ayant retrouvé la paix, la France propose une poursuite de l'IICI avec un élargissement de ses missions, en opposition avec les Anglo-Saxons.

C'est sur d'autres bases que l'Unesco est fondée en 1945. Il y a un triple mouvement: de l'influence française dominante, vers un partage du pouvoir avec les Anglo-Saxons - des intellectuels désincarnés vers les savants et les éducateurs - de l'européocentrisme vers le mondialisme. Une synthèse est faite entre les propositions françaises et anglo-saxonnes lors de la conférence fondatrice de novembre 1945 à Londres. D'un côté l'IICI est abandonné et l'Unesco ne se limitera pas à la culture; de l'autre, le siège de l'Unesco sera à Paris, et un rôle important sera laissé aux personnalités et aux organismes non-gouvernementaux à côté des représentants des États. C'est un groupe de scientifiques anglais, avec Joseph Needham[126] à leur tête, qui a mené, et gagné, le combat pour mettre le "s" de science dans Unesco. Léon Blum, Henri Laugier et Lucien Febvre[127] dirigeaient la délégation française à la conférence de Londres. Julian Huxley[128] sera le premier Directeur général de l'Unesco. Miguel Ozorio est le premier représentant du Brésil à l'Unesco.

Premier Directeur de la Division des Sciences[129] en 1946, Joseph Needham lui donne une orientation tournée vers le Tiers-Monde: il ne s'agit pas pour lui d'organiser des échanges entre pays européens, qui n'ont pas besoin d'aide pour ce faire, mais de promouvoir la diffusion des sciences hors d'Europe. Les scientifiques travaillant dans la division des sciences proviennent en majorité[130] des pays du Tiers-Monde. Et la première initiative d'un laboratoire international concerne l'Amazonie. La proposition est venue de la délégation brésilienne à l'Unesco: créer un institut international de recherches, consacré à la forêt équatoriale d'Amazonie. C'est une demande de même nature que celle de Miguel Ozorio en 1937. L'Unesco réalise ainsi une double première: constituer un laboratoire international sur la base d'une convention diplomatique (10 États l'avaient signée en 1948), et le créer dans un pays du Sud.

Paulo Estevam de Barredo Carneiro[131] fut un des principaux protagonistes de l'Institut International de l'Amazonie Hyléenne[132]. C'est à ce titre qu'il arrive maintenant au premier plan de nos réseaux. Jusqu'alors, il n'en avait pas été totalement absent, mais sans s'y intégrer véritablement. Il a une formation d'ingénieur chimiste à l'École Polytechnique de Rio, sortant au premier rang en 1924. En 1927, avec une bourse, il part faire une thèse à Paris, et travaille pendant deux ans à la Sorbonne avec Gabriel Bertrand, sur la caféine contenue dans du guarana qu'il a fait spécialement venir du Brésil. De retour au Brésil, il travaille sur le curare, et son chemin croise ceux de Miguel Ozorio, mais aussi de Jehan Vellard[133]. Nommé Secrétaire d'État à l'Agriculture au Pernambouc en juin 1935, il fonde un Institut de Recherches Agronomiques, inauguré le 07/07/1935, où il fait venir Jehan Vellard avec d'autres chercheurs. Il attribue une double mission, sociale et scientifique[134], à son institut. La tentative de coup d'état du PC brésilien fin 1935 déstabilise l'Institut, et entraîne son retour d'abord à Rio, où il reprend ses recherches sur le curare, puis en exil pour éviter une arrestation.

Il peut emmener tout son matériel à Paris, où Gabriel Bertrand le reprend dans son laboratoire de l'Institut Pasteur. Il travaille sur les aspects chimiques du curare, en collaboration avec Mario Vianna Dias qui en étudie les aspects physiologiques. Leurs travaux contredisent ceux de Claude Bernard, et ils entrent en conflit avec les grands patrons de la physiologie française, notamment Louis Lapicque. En 1937, il a été financé en tant que délégué brésilien de l'Institut de Haute Culture. En 1938, le Service des Oeuvres[135] obtient d'Henri Laugier, au Ministère de l'Instruction Publique, que la caisse des recherches lui donne une bourse. Il reste à travailler à l'Institut Pasteur avec Gabriel Bertrand au début de l'occupation allemande. Lors de l'entrée en guerre du Brésil contre l'Allemagne, il sera déporté avec l'Ambassadeur du Brésil. Il rentre au Brésil le 3 mai 1944. Il revient en Europe fin 1944, espérant concilier un travail à l'Institut Pasteur avec la participation à la fondation de l'Unesco, mais est en fait obligé d'abandonner sa carrière scientifique.

Paulo Carneiro a pu bénéficier du réseau des échanges scientifiques franco-brésiliens pour un appui financier alors qu'il se trouvait déjà en France en 1937. Il a pu être partie prenante d'un des réseaux professionnels qui prolongeaient l'action du Groupement: celui de l'Institut Pasteur, que nous avons laissé à l'écart de cette étude. Il a également contribué à des émissions de radio contre l'Allemagne nazie lors des premiers mois de la seconde guerre mondiale. Mais les sociabilités qu'il développe concernent d'autres réseaux intellectuels français[136], davantage concernés par le positivisme.

Pour lutter contre l'européocentrisme, Lucien Febvre avait proposé dès la Conférence de Londres le lancement d'une vaste enquête sur les civilisations, pour comprendre comment une culture universelle peut se construire à partir des apports des différentes civilisations et des échanges entre elles. Cette proposition est faite de nouveau à la première Conférence générale de l'Unesco en novembre 1946, et définitivement adoptée à la seconde, à Mexico en décembre 1947. Elle prend alors la forme d'un vaste projet encyclopédique l'Histoire Scientifique et Culturelle de l'Humanité (HSCH). Pendant 4 ans[137], des dizaines de réunions, de textes, de lettres, vont débattre de la place de la science dans les différentes civilisations, des relations sciences/culture, du progrès et de la paix, et faire le procès de l'européocentrisme. Julian Huxley, Joseph Needham, Paul Rivet et Lucien Febvre sont parmi les principaux protagonistes de ces débats, auxquels participent également les deux unions[138] scientifiques professionnelles. Certains participants (Nord-Américains par exemple) trouvent le projet trop "politique", car son but explicite est "d'influencer les mentalités pour éradiquer le virus de la guerre"[139]; le projet refuse de considérer que la civilisation occidentale est le modèle à suivre partout. D'autres voudraient y relativiser la place de la science, au profit des religions et de la culture. Inversement Julian Huxley voit dans l'histoire de la civilisation le prolongement humain et social de l'évolution biologique. Ces désaccords se doublent d'une opposition entre Français et Anglo-Saxons: Pierre Auger aimerait bien marginaliser Joseph Needham, et l'admini-stration de l'Unesco trouve que Lucien Febvre et Paul Rivet récupèrent le projet à leur profit exclusif. Dans ce contexte, il est fait une première fois appel mi-1949 à Miguel Ozorio pour faire la synthèse des positions antagoniques. Le rapport[140] qu'il produit déplaît à tout le monde. Lucien Febvre y voit le projet d'une accumulation de faits scientifiques juxtaposés, sans démarche d'historien. Julian Huxley le trouve encore trop politique, et s'écartant d'un strict déterminisme scientifique; Miguel Ozorio semble en effet prendre pour mesure du développe-ment culturel et scientifique la "conscience" que chaque civilisation a du progrès scientifique et de la solidarité avec les autres. L'administration de l'Unesco n'y trouve aucune cohérence avec ses propres objectifs. Comme souvent dans les organismes internationaux, le rapport de Miguel Ozorio est discrètement "oublié" davantage que publiquement rejeté[141], et une nouvelle commission est réunie, avec toujours Paul Rivet, Lucien Febvre et Joseph Needham.

Le nouveau groupe d'experts ne fait que confirmer fin 1949 l'orientation générale et le plan de l'ouvrage tels que proposés par Lucien Febvre dès 1948. C'est, dans le contexte de la guerre froide naissante, encore plus inacceptable pour les courants conservateurs, et notamment les Nord-Américains. La Ve Conférence générale de l'Unesco (mars 1950 à Florence) adopte définitivement le projet de publication d'une Histoire scientifique et culturelle de l'Humanité. Mais la direction de l'Unesco en confie en décembre 1950 la réalisation à un groupe où dominent Julian Huxley et Ralph Turner[142], et d'où tous les précédents experts sont exclus. Joseph Needham, Paul Rivet et Lucien Febvre[143] ne sont pas assez scientistes; ils sont trop politiques, trop "à gauche", et surtout trop opposés à l'européocentrisme. Julian Huxley a gagné. C'est dans ce nouveau groupe que Paulo Carneiro entre en scène. Alors délégué permanent du Brésil à l'Unesco, et Président de la Maison Auguste Comte à Paris, il est élu à ce double titre Président de la commission éditoriale. C'est une personnalité acceptable à la fois par les Anglo-Saxons et les Français. Il dirigera cette commission pendant de nombreuses années et fera un rapport annuel aux conférences de l'Unesco[144]. Le premier volume de l'*Histoire du Développement Culturel et Scientifique de l'Humanité* est publié au milieu des années 1960. Mais c'est une histoire très loin des ambitions historiennes et politiques initiales.

Grâce à la personnalité de Joseph Needham à la tête de la division des sciences, à un projet mobilisateur comme celui de l'Histoire Scientifique et Culturelle de l'Humanité, les premières années de l'Unesco ont représenté un véritable "melting pot" de scientifiques venant de toutes les cultures. Elles ont fait reculer l'européocentrisme, et promu un humanisme scientifique et non scientiste. Cette atmosphère créative n'a pas réellement survécu à la perte de l'autonomie de l'Unesco vis-à-vis des gouvernements au cours des années 1950, mais compte encore beaucoup dans son image ou dans la nostalgie des scientifiques qui ont participé à cette aventure.

5. L'union Rationaliste. Le Cercle Fénelon/Tournon et la Gauche Socialiste

Les proximités idéologiques jouent toujours un rôle important dans la formation de réseaux. Ainsi, la référence au positivisme a pesé, du moins dans les premiers temps, dans le recrutement des professeurs du Groupement pour le Brésil. Le positivisme est ce qui conduit Georges Dumas lui-même au Brésil; ensuite, il n'y a plus qu'à tirer le lien des élèves, proches collègues, amis directs ou indirects de Georges Dumas. Ces fils, très personnels, ne recoupent pas entièrement des références politiques précises, d'autant moins que le positivisme militant était pratiquement absent des universités françaises dans les années 1920: le positivisme était une référence très floue bien qu'omniprésente. Différentes instances plus formelles structurent idéologiquement nos réseaux à partir des années 1930.

L'Union Rationaliste[145] est un mouvement fondé le 10/03/1930 par Henri Roger (physiologiste qui avait succédé à Charles Richet en 1925 dans la chaire de physiologie), Paul Langevin et Albert Bayet, avec le patronage d'Albert Einstein. Louis Lapicque, Paul Rivet, Jean Perrin et beaucoup d'autres y participent. L'influence franc-maçonne y est notable. L'objectif du mouvement est de "défendre et répandre dans le grand public l'esprit et les méthodes de la science" et lutter ainsi contre l'ignorance. L'Union Rationaliste est à l'origine en 1933 de la relance des relations scientifiques franco-mexicaines, avec un voyage d'Henri Laugier au Mexique. Après-guerre, son fort scientisme fournit un cadre commun pour des réseaux que la guerre froide sépare.

Créé en mars 1934 autour d'un "appel aux travailleurs", le Comité de Vigilance des Intellectuels Antifascistes (CVIA) se donne Paul Rivet comme Président, avec Paul Langevin et le philosophe Alain comme vice-présidents. Les trois tendances de la gauche française de l'époque sont ainsi représentées: Parti Socialiste, Parti Communiste et Parti Radical. Il s'agit d'un engagement plus directement politique que l'Union Rationaliste. L'immense succès du CVIA parmi les intellectuels, et plus largement les enseignants, en fait un "Front Populaire" avant la lettre. C'est ainsi que Paul Rivet est élu conseiller municipal de Paris[146], comme candidat unique de la gauche, en mai 1935. Le CVIA sert de référence pour l'engagement politique des intellectuels dans de nombreux pays, même en Angleterre[147]. On ne peut oublier de mentionner que la lutte antifasciste s'étend au soutien envers les savants (juifs notamment) fuyant l'Europe Centrale, puis la France[148].

Mais la participation de Miguel Ozorio et de Paulo Duarte aux réseaux politiques en France se fait principalement par l'intermédiaire d'un cercle plus informel, donc plus restreint, mais qui regroupe une élite de scientifiques et d'hommes politiques. C'est là que se joue la connexion entre les différents niveaux de sociabilité. Il s'agit du "Cercle de la rue de Tournon", nom sous lequel il apparaît dans les souvenirs de Miguel Ozorio au tout début de cet article. Il est aussi connu sous le nom de "Cercle Fénelon" [149], "un petit club fermé qui comprenait un peu plus de 20 membres, fondé par Madame Caroline Vacher, professeur de mathématiques au Lycée Fénelon, très liée à Rivet et à tout notre groupe" [150]. On trouvait dans ce club, outre Paul Rivet, Caroline Vacher, Henri Laugier, Miguel Ozorio et Paulo Duarte: Paul Langevin, Jean Perrin, Francis Perrin, Henri Piéron, Pierre Janet, Jacques Hadamard, Louis Rapkine, Marcel Mauss, Maurice Lechard, Henri Focillon, Paul Valéry - des hommes politiques: Léon Blum et sa femme, Paul Weill, André Blumel, Suzanne Blum - des fonctionnaires internationaux: André Ganem, Henri Bonnet (le Directeur de l'IICI), Paul Comert[151]. En tout, une petite trentaine d'habitués forment ce Cercle de la fin des années 1930.

Si de hautes personnalités du Parti Socialiste figurent parmi les habitués du Cercle, les aspects conviviaux et informels semblent l'emporter sur la dimension politique. En ce sens il semble moins tourné que son homologue londonien, *Tots and Quots*[152], vers des objectifs politiques directs. Tous, et de loin, ne sont pas adhérents du Parti Socialiste. Mais le socialisme réformiste reste la référence principale des réseaux[153].

Ces réseaux sont assez distincts, voire concurrents, de ceux plus proches des Partis Communistes, notamment après la deuxième guerre mondiale. Si les deux tendances travaillent ensemble à l'origine du CVIA en 1934, leurs chemins se séparent lors du départ des intellectuels communistes[154] de la direction du CVIA en juin 1936, puis ultérieurement du CVIA: ils reprochaient au CVIA d'être trop pacifiste et pas assez anti-hitlérien. Cela n'empêcha pas d'ailleurs Paul Rivet de signer un appel en 1937 pour la libération des prisonniers politiques au Brésil, dont Luis Prestes, et être donc suspecté de communisme par les autorités brésiliennes. Paul Rivet fut ainsi exclu de l'Académie Brésilienne des Sciences, dont il était membre correspondant depuis 1928, à l'unanimité des membres présents. Absent, Miguel Ozorio s'opposa ensuite à cette exclusion en avançant le principe de non-interférence entre science et politique. Il finit pas obtenir gain de cause et l'exclusion fut rapportée[155]. L'ensemble des missions universitaires de la fin des années 1930 à Rio et à São Paulo avaient l'image sulfureuse des intellectuels communistes français.

Miguel Ozorio a toujours gardé une grande distance avec le communisme. Il s'en ai notamment expliqué à l'occasion du pacte germano-soviétique du 22/08/1939, ironisant gentiment sur la perte des illusions de certains scientifiques français à cette occasion[156]. Si Henri Laugier n'a pu retrouver à la Libération la direction du CNRS qu'il avait avant-guerre, c'est probablement en raison de la méfiance de ses collègues communistes[157] vis-à-vis d'un socialiste gaulliste. Henri Wallon fera nommer Frédéric Joliot-Curie au CNRS, Henri Laugier devant se contenter des relations culturelles et scientifiques au Ministère des Affaires Étrangères.

Quant aux institutions scientifiques internationales après-guerre, là encore, les deux réseaux s'impliquent différemment. Les proches du Parti Socialiste s'engagent à l'Unesco, et les proches du Parti Communiste constituent la Fédération Mondiale des Travailleurs Scientifiques.

Français et Brésiliens de ces réseaux ont partagé d'autres combats, davantage en parallèle qu'ensemble dans un même réseau. Il serait trop long de développer ici ces luttes: par exemple pour la réforme du système éducatif, avec la participation à l'Association Brésilienne d'Éducation d'un côté, aux Compagnons pour l'Université Nouvelle[158] ou au Groupement Français pour l'Éducation Nouvelle de l'autre - par exemple aussi pour l'organisation de la recherche scientifique, son développement et sa prise en charge par l'État: les universités, le CNPq, la SBPC d'un côté, l'Association Française pour l'Avancement des Sciences et le CNRS de l'autre - il faudrait ajouter encore la vulgarisation, à travers encyclopédies, publications diverses ou musées des sciences.

Dans ces différents réseaux, "Miguel, Paul, Henri et les autres" travaillent avec de nombreux collègues, qui ne partagent pas obligatoirement l'ensemble de leurs projets, à plus forte raison de leurs motivations. Incontestablement, leur force vient de leur capacité à démultiplier les mises en relations possibles grâce à l'emboîtement des différents réseaux. Il reste à comprendre, ce qui, pour chacun d'entre eux, fonde la cohérence des différents engagements d'une même personne, et ce qui peut faire tenir ensemble les divers personnages au centre des différents réseaux. Tentons une hypothèse: c'est la conception de la science, et de la fonction de la science dans la société, qui est le socle des engagements et appartenances qu'ils partagent, sans que cela n'ait besoin d'être la motivation essentielle de chacun.

Pour eux, et Henri Laugier est sans doute la figure emblématique de ces conceptions, la science est devenue la principale source de progrès moral et social. Par ses valeurs et ses applications, elle peut déboucher vers une société plus juste et pacifiste. Ce n'est pas le produit d'une simple rationalisation mécaniste de la société. De là découle l'engagement nécessaire des savants pour l'organisation de la science, pour le développement des relations internationales comme pour l'éducation populaire. Leur intervention se fait à la fois comme experts et éducateurs, et peut aller jusqu'à un engagement politique direct. Ils font de la politique au nom de la science, mais pas pour la science, ils le font pour la société. Pour Henri Laugier, comme pour Henri Piéron, Émile Borel et surtout Jean Perrin[159], la science, et principalement elle, est libératrice, par elle-même. Elle ne dépend pas de l'ordre social existant. Elle peut seule répondre aux problèmes sociaux et humains. Elle est même source de valeurs spirituelles. Les prises de position publiques de Miguel Ozorio à l'Université du District Fédéral en 1936, comme dans son rapport sur l'Histoire Scientifique et Culturelle de l'Humanité en 1949 sont basées sur la neutralité de la science et les valeurs spirituelles qu'elle porte. Elles confortent une telle analyse.

Avec une telle conception de la science et de sa fonction sociale, les acteurs de nos réseaux se distinguent du modèle habituel des savants engagés, modèle souvent basé sur les intellectuels proches des partis communistes. Pour utiliser un terme anachronique, on peut parler de savants "concernés".

Notes

1. Ce passage est extrait de Miguel Ozorio de Almeida, *Ambiente de Guerra na Europa*, Rio de Janeiro, Atlântica Editora, 1942, p. 166-167. Cette référence est abrégée en MOA-1942 dans la suite. Dans le livre Miguel Ozorio raconte ses séjours en Europe en 1939 (au moment de l'invasion de la Pologne et de la déclaration de guerre) et en 1940 (la conquête par Hitler des Pays-Bas, de la Belgique, de la France, etc.). Il séjournera notamment à Paris du 19 août au 27 septembre 1939, puis du 3 mai au 19 juillet 1940. Il décrit soigneusement l'ambiance de ces journées sombres, notamment dans les réseaux intellectuels qu'il fréquente.
2. La scène se passe le dimanche 9 juin 1940.
3. Voir plus loin sur ce Cercle. Miguel Ozorio y fit la connaissance de Paulo Duarte. Dans son récit, il mentionne deux autres repas au Cercle dans cette période: le 19 mai (MOA-1942, p. 146) et le 2 juin (MOA-1942, p. 156).
4. Paul Rivet est directeur du Musée de l'Homme et professeur au Muséum. Mme Vacher, son amie, est professeur de mathématiques au Lycée Fénelon (lycée pour jeunes filles, proche de la rue de Tournon). Paulo Duarte travaille avec Rivet. Henri Bonnet est directeur de l'Institut International de Coopération Intellectuelle. Henri Laugier est alors directeur du CNRS, et chef du cabinet du Ministre de l'Instruction Publique. Les relations avec Laugier sont telles que, le 4 septembre 1939, Miguel Ozorio était allé directement dans son bureau au Ministère pour récupérer les masques à gaz - défense passive oblige - pour lui et sa femme (MOA-1942, p. 58).

5. Laugier repartira dès le 18 juin de Bordeaux pour Londres dans le même bateau où Halban et Kowarsky, collaborateurs de Joliot-Curie, transportent le stock français d'eau lourde pour le mettre à l'abri en Angleterre.

6. Il n'y aura pas de réunion suivante.

7. MOA-1942, p. 179. Miguel Ozorio était venu à Paris en juillet 1939, puis à Genève (pour assister à la session de la Commission Internationale de Coopération Intellectuelle à la SDN), avant de séjourner en Italie. Devant les menaces de guerre, il avait regagné Paris à la fin d'août 1939. Une nouvelle session de la CICI était programmée pour juillet 1940, et Miguel Ozorio reviendra à Paris en mai 1940; mais cette session n'aura jamais lieu.

8. Il s'agit des nombreuses réponses à sa "lettre aux intellectuels neutres" écrite dans le cadre de l'Institut International pour défendre l'engagement contre Hitler (MOA-1942, p. 139). Cette lettre avait été écrite mi-septembre 1939 sur suggestion d'Henri Bonnet (MOA-1942, p. 68-74 et p. 121).

9. Sur invitation d'Henri Bonnet ou de Paulo Carneiro, Miguel Ozorio avait à plusieurs reprises prononcé des discours en français ou en portugais (dans des émissions de Radio-Paris-Mondial) à la radio lors de ses séjours de 1939 ou de 1940 pour soutenir la position des Alliés contre Hitler.

10. Pendant tout le mois de mai 1940, Miguel Ozorio avait continué à travailler, comme il le faisait à chacun de ses séjours, dans le laboratoire de physiologie de la Sorbonne (Lapicque). Depuis la déclaration de guerre le 3 septembre 1939, celui de Piéron au Collège de France, où Miguel Ozorio avait aussi ses habitudes, était devenu inutilisable, réquisitionné par l'armée. Dès le 1er septembre, MOA avait déménagé ses appareils du Collège de France vers la Sorbonne (MOA-1942, p. 51). Le 18 mai, il est à une réunion de la Société de Biologie, où Lapicque propose que les travaux de la Société se poursuivent normalement (MOA-1942, p. 145). Le 8 juin est le dernier jour où il peut travailler (MOA-1942, p. 164).

11. Archives Paul Rivet, lettre du 25/07/1940 de Miguel Ozorio (Lisbonne) à Paul Rivet (Paris), Ms 1/7816. Il a aussi rencontré Paulo Duarte à Lisbonne, qui lui a donné des nouvelles de Langevin et de Bonnet, rencontrés à Bordeaux le jour de la dernière réunion du cabinet Reynaud.

12. Archives Paul Rivet, Ms 1/6959, lettre du 02/07/41. Par ailleurs Miguel Ozorio va rassurer Paulo Duarte qui, à New York, s'inquiétait de la situation de Paul Rivet. Il a eu aussi des bonnes nouvelles de Lapicque et Piéron, restés en France.

13. Voir notamment Michel Trebitsch, "avant-propos", in "Sociabilités intellectuelles. Lieux, Milieux, Réseaux", *Les Cahiers de l'Institut d'Histoire du Temps Présent*, n° 20, 11-21, mars 1992.

14. Michel Trebitsch définit la sociabilité comme une "pratique relationnelle structurée par un choix, avec des objectifs précis d'ordre politique, idéologique, esthétique, etc." (p. 13). Il attire aussi l'attention sur les réseaux porteurs de valeurs ou de projets, parfois organisés autour de fortes personnalités (p. 14).

15. Patrick Petitjean, "Needham, anglo-french social relations, and internationalism in ecumenical science", in S. Irfan Habib & Dhruv Raina, eds., *Science, the Refreshing River. A Tribute to Joseph Needham*, New Delhi, 1998, p. 182-239. Par la suite, référencé Petitjean (1998).

16. Le récit que fait Miguel Ozorio de ses repas lors de ses séjours à Paris, notamment en mai-juin 1940 illustre sa navigation entre les différents réseaux: il mange au Cercle de la rue Tournon les 19 mai, 2 et 9 juin. Il mange avec Georges Dumas et Raymond Ronze le 13 mai; avec Henri Bonnet le 16; avec Paulo Carneiro le 22; chez Louis Lapicque avec Henri Laugier le 24; chez Raymond Ronze le 1er juin; chez Paulo Duarte le 8 juin (MOA-1942).

17. Ernest Guignet a fait partie des professeurs français recrutés par Pedro II, avec l'aide d'Arthur Morin, directeur du Conservatoire National des Arts et Métiers de Paris, pour l'École Polytechnique de Rio à la fin des années 1870. Le travail de Guignet et Gabriel Ozorio portait sur le composition chimique d'une météorite. Patrick Petitjean "La correspondance entre Arthur Morin et Pedro II, 1872-1880", in *Les Cahiers d'Histoire du CNAM*, n° 5, 29-61, février 1996.

18. Gabriel Ozorio fut un des "grands" ingénieurs brésiliens des années 1880/1910 dans les travaux publics. Il fut Directeur de l'École Polytechnique de Rio.

19. Ataulfo de Paiva, "Palavras sobre Miguel Ozorio de Almeida", in *Revista da Academia Brasileira de Letras*, v. 86, 1953. Ataulfo de Paiva dit avoir présidé un débat public, dans son Institut, entre Gabriel Ozorio et Jean Jaurès sur socialisme et capitalisme.

20. Pour une biographie et bibliographie de Miguel Ozorio: Tito Calvacanti "Miguel Ozorio de Almeida, 1890-1953", in *Revista Brasileira de Biologia*, **14**(1), 1-24 (1954).

21. Miguel Ozorio de Almeida, "A ciência pela ciência", in *Homens e Coisas de Ciência*, São Paulo, Editora Monteiro Lobato, 1925, p. 127. Référence abrégée en MOA-1925 par la suite.

22. Société Brésilienne pour le Progrès des Sciences.

23. Il y retrouve, au début des années 1920, Maurice Piette (médecine vétérinaire), avec lequel il publie une note à l'Académie Brésilienne des Sciences, et Victor Cayla (agronome), avec lequel (cf. correspondance aux archives de Miguel Ozorio - Casa de Oswaldo Cruz) il semble entretenir des rapports proches. Jehan Vellard travaille aussi en 1923/24, puis à la fin des années 1920, avec Vital Brazil à Niterói, mais ne semble pas avoir été un proche de Miguel Ozorio.

24. Miguel Ozorio, "O caso da Universidade do Districto Federal", *O Jornal*, 21/03/1936. C'est le premier d'une série d'articles où Miguel Ozorio détaille les enjeux de ce conflit.

25. Une mission universitaire française pour l'UDF arrive à la même période. Faria avait publiquement estimé que cette mission était "indésirable et inutile". Reçue le 25 mars 1936 par Campos, la mission retire l'impression "qu'elle n'est pas désirée" (rapport de Émile Bréhier au Ministère sur son enseignement en 1936 à l'UDF, Archives Nationales, AJ16-6964). Miguel Ozorio défendra les universitaires français de l'UDF avant et après sa démission le 20 mars 1936.

26. Haity Moussatché, "Miguel Ozorio de Almeida - Traços Biográficos", *Ciência e Cultura* **6**(1), 27-34 (1954).

27. Miguel Ozorio de Almeida a regroupé ses chroniques, discours et articles de presse dans trois volumes: outre MOA-1925 déjà référencé, il s'agit de *A Vulgarização do Saber*, Rio de Janeiro, Ariel Editora, 1931 (MOA-1931 par la suite) et de *Ensaios, Críticas e Perfis*, Rio de Janeiro, Briguiet Editora, 1938 (MOA-1938 par la suite). On y trouve l'essentiel de ses idées sur la science et les scientifiques. Au moment de sa mort, Miguel Ozorio préparait un livre "*A Ciência e seus Fins*" qu'il n'a pu achever, mais dont un manuscrit est conservé dans les Archives à la Casa de Oswaldo Cruz.

28. Voir notamment MOA-1938, p. 81.

29. MOA-1931, p. 237.

30. MOA-1925, p. 127.

31. MOA-1931, p. 137-168.

32. Bernadette Bensaude-Vincent, *Langevin: Science et Vigilance*, Paris, Éditions Belin, 1987.

33. Groupement des Universités et Grandes Écoles, *Livre d'Hommage à Paul Rivet*, Paris, 1958. Voir aussi par exemple: Paul Rivet, *Ethnographie Ancienne de l'Équateur*,

Paris, Gauthier-Villars, 1912; c'est le produit de ses 6 ans avec la mission géodésique. Il a été écrit en collaboration avec R. Verneau, Professeur d'anthropologie au Muséum, dont Paul Rivet était alors l'assistant. Jusqu'en 1940, Rivet publie des dizaines d'articles, parfois en collaboration, sur des études ethnologiques concernant l'Amérique Latine. Voir la synthèse dans: Paul Rivet, *Les Origines de l'Homme Américain*, 2ème édition, Paris, Gallimard, 1957. Voir aussi: Nicole Racine, "Paul Rivet", in Maintron, coord., *Dictionnaire Biographique du Mouvement Ouvrier* et Paulo Duarte, *Paul Rivet por Ele Mesmo*, São Paulo, Editora Anhembi, 1960.

34. Paul Rivet, *Vendredi*, 28/05/1937. Cité par Nicole Racine (Maintron), *op. cit.*

35. Le C.V.I.A. est créé en réaction aux émeutes fascistes en février 1934 à Paris. Voir Nicole Racine (Maintron), *op. cit.*

36. Il rédige une lettre ouverte à Pétain, dont il confie des exemplaires à Paulo Duarte à son départ de Paris, avec charge de les transmettre à Henri Laugier, Henri Bonnet et Jules Romains à New York. Cf. lettre de Paulo Duarte à Paul Rivet, 29/07/1941, Archives Paul Rivet, Ms 1/2246.

37. Les tracts du réseau étaient ronéotés dans les sous-sols du Musée de l'Homme. Le réseau passe en procès en janvier 1942. Il y a 7 exécutions.

38. Notamment son "Testament politique", paru dans les *Temps Modernes* et traduit par Paulo Duarte dans *O Estado de São Paulo* en juillet 1950, un article "La tristesse des vieux" dans *Esprit* en juin 1955, un "dernier entretien" publié le 27 mars 1958 après sa mort, dans *France Observateur*. Cf. Nicole Racine (Maintron), *op. cit.*, et lettre de Paulo Duarte à Paul Rivet du 30/07/1950, Archives Paul Rivet, Ms 1/2262.

39. Chantal Morelle et Pierre Jakob, *Henri Laugier, un Esprit sans Frontières*, Bruylant (Bruxelles) et LGDJ (Paris), 1997. Jean-François Picard et Jean-Louis Crémieux-Brilhac, dir., *Henri Laugier en Son Siècle, 1888-1973, Cahiers pour l'Histoire de la Recherche*, CNRS (Paris), 1995; ce livre comporte notamment un article de Michel Trebitsch "Les réseaux scientifiques. Henri Laugier en politique avant la seconde guerre mondiale", p. 23-45. Voir aussi Henri Laugier, *Du Civisme National au Civisme International*, Paris, Éditions Ophrys, 1972.

40. Sur le travail scientifique d'Henri Laugier, voir: William H. Schneider, "Henri Laugier, the science of work and the workings of science in France, 1920-1940", in *Cahiers pour l'Histoire du CNRS, 1939-1989*, 5, 7-34 (1989).

41. Louis Lapicque sera le mentor d'Henri Laugier autant sur les plans professionnel et politique qu'en franc-maçonnerie. Il fera le lien entre Laugier et Rivet.

42. Voir l'article de Michel Trebitsch (1995) sur les réseaux scientifiques d'Henri Laugier, *op. cit.*, auquel cette partie doit beaucoup.

43. Ce mouvement se bat non seulement pour une réforme de l'Université, mais aussi pour une refonte globale du système scolaire: une école unique, gratuite, basée sur la sélection démocratique des élites. Les "Compagnons" influenceront les tentatives de réformes de l'école menées par la Gauche dans les années 1920 et 1930. Paul Langevin remplacera Henri Laugier à la direction du mouvement en 1929.

44. Voir la dernière partie de ce texte.

45. René Wurmser le remplace pour assurer les cours de la chaire de physiologie de la Sorbonne. Témoignage de René Wurmser recueilli le 19/03/1987 par Patrick Petitjean.

46. Louis Rapkine travaillait au laboratoire de René Wurmser. Carlos Chagas Filho y avait travaillé également lors de séjours parisiens dans les années 1930. Louis Rapkine fera sortir René Wurmser de France et lui trouvera une bourse de la Fondation Rockefeller pour aller travailler à Rio de Janeiro dans le laboratoire de Carlos Chagas. Témoignage de René Wurmser recueilli le 19/03/1987 par Patrick Petitjean. Sur Louis Rapkine et son implication dans des réseaux de sociabilité

franco-britannique, voir l'article de P. Petitjean dans I. Habib et D. Raina (1998), *op. cit.*, p. 182-239.

47. Selon un témoignage de Paulo Duarte, cité dans Morelle/Jakob (1997), *op. cit.*, p. 162.

48. Il y défend une conception très ambitieuse et élargie des relations culturelles et scientifiques internationales, loin des tournées de conférenciers prestigieux et de l'entretien d'instituts ou lycées auxquels ces relations se limitaient avant guerre. Cela se manifestera dans la relance des relations avec le Brésil: voir plus loin.

49. Voir notamment John Desmond Bernal, *The Social Function of Science*, London, 1939.

50. Selon Michel Trebitsch (1995), *op. cit.*

51. Notamment Marcel Prenant, John Desmond Bernal, Joseph Needham, Paul Langevin, etc.

52. "Groupement des Universités et Grandes Écoles pour les relations avec l'Amérique Latine" est le nom complet. L'histoire du "Groupement" est développée dans: Patrick Petitjean, "Le Groupement des Universités et Grandes Écoles de France pour les relations avec l'Amérique Latine et la création d'Instituts à Rio de Janeiro, São Paulo et Buenos Aires (1907/1940)", in Ubiratan d'Ambrosio, coord., *Anais do Segundo Congresso Latino-Americano, História da Ciência e da Tecnologia*, São Paulo, Nova Stella Editora, 1989, p. 428-442, et dans: Patrick Petitjean, "Entre ciência e diplomacia. A organizaçao da influência científica Francesa na America Latina, 1900-1940", in Amélia Império Hamburger, Maria Amélia Dantes, Michel Paty et Patrick Petitjean, eds., *A Ciência nas Relações Brasil-França (1850-1950)*, São Paulo, EDUSP & FAPESP, 1996, p. 89-120.

53. Voir notamment sur cette période: Patrick Petitjean, "La correspondance (1872-1880) entre le Général Arthur Morin, Directeur du Conservatoire, et Pedro II, Empereur du Brésil", in *Cahiers d'Histoire du Conservatoire National des Arts & Métiers*, nº 5, 29-61, février 1996.

54. Georges Dumas, Émile Borel, Pierre Janet et Chiray. Dans les années 1930, l'Allemagne, l'Italie et le Portugal notamment mettront en place des Instituts semblables, avec la même dénomination.

55. Parmi ceux que nous retrouvons dans nos réseaux de sociabilité: Henri Piéron et Émile Gley (1923), Jacques Hadamard (1924), Marie Curie (1926), Louis Lapicque (1927), Paul Rivet et Maurice Caullery (1928), Henri Roger (1931), Henri Wallon (1935). Georges Dumas vient à ce titre en 1922 et 1925, mais vient pratiquement chaque année en Amérique Latine à un titre ou à un autre dans les années 1920/1930. Il faut y ajouter ceux qui s'arrêtent à Rio au passage de São Paulo ou de Buenos Aires, comme Marie Curie, Henri Laugier et Henri Piéron en 1926, Paul Langevin en 1928 ou Emmanuel Fauré-Fremiet en 1933. Paul Rivet et Henri Roger sont parmi les plus assidus des voyages dans l'ensemble de l'Amérique Latine.

56. Médecin, psychologue proche de Pierre Janet, positiviste considéré comme non-orthodoxe par les Brésiliens, Georges Dumas sera, avec Teodoro Ramos, le recruteur de la mission universitaire pour l'USP en 1934. Jean Marx et le Service des Oeuvres du Ministère des Affaires étrangères fournissent les finances et l'infrastructure des Instituts de Haute Culture, davantage que l'Université de Paris. Parmi les séjours à Paris de Miguel Ozorio, ceux de 1927 et 1932 se font dans le cadre de l'Institut de Haute Culture.

57. Avec sa position d'animateur de l'Institut de Haute Culture, Miguel Ozorio accueille les différents savants français de passage au Brésil, les réceptionne à l'Académie des Sciences ou dans d'autres institutions, reste parfois en relations épistolaires avec eux, et les revoit lors de ses séjours à Paris: ainsi pour Paul Langevin, Jacques Hadamard, Pierre Auger, Gaston Mauduit, etc. Pour les physiologistes, il les fait

travailler dans son laboratoire de la rue Machado de Assis, et c'est parfois le point de départ de relations professionnelles fructueuses (voir plus loin).

58. MOA-1925, "Impressões sobre o nosso ensino superior".

59. Miguel Ozorio de Almeida, "A nossa estação de alta cultura", *O Globo*, junho 1929.

60. Des critiques semblables sont faites en Argentine et au Brésil: l'orientation "diplomatique" dominante dans les relations culturelles et scientifiques internationales ne répond pas aux attentes de communautés scientifiques en plein développement dans les années 1930 dans ces trois pays.

61. MOA-1938, "A colaboração científica entre a França e o Brasil", p. 204.

62. Dans la partie "Brésil" du rapport de la mission Pasteur-Vallery-Radot (Archives Nationales, AJ16-6960), figure la liste des scientifiques "amis de la France", parmi lesquels: Miguel Ozorio de Almeida, Branca Fialho, Carlos Chagas Filho, Aloysio de Castro, Clementino Fraga, Olympio da Fonseca, Carlos Guinle, Delgado de Carvalho, Mme Linneu Paula de Machado, Antonio de Almeida Prado, André Dreyfus, Jorge Americano, A. C. Pacheco e Silva. Ni Paulo Duarte ni Paulo Carneiro n'y figurent.

63. Dans sa lettre du 29/01/46 à Paul Rivet, Paulo Duarte porte un jugement très sévère: la mission Pasteur-Vallery-Radot a pratiquement échoué, pour avoir tenu à l'écart les intellectuels et les nouveaux centres scientifiques, pour avoir choisi la carte de Vargas et du "Grão Fino". Selon lui, l'ambassade compte trop de Barons et de Comtes; on cherche à y récupérer les Vichystes et à y écarter les Gaullistes. Expliquant que le Brésil marche vers la gauche, il propose d'éviter d'inviter "trop de conservateurs et de gens de droite". Il préfère Malraux, Cassou, Rivet, Aragon, Éluard, Levi-Strauss, etc. (Ms 1/2253ter, Archives Paul Rivet).

64. Lettre de Paulo Duarte à Paul Rivet, 29/01/1946, Ms 1/2253ter, Archives Paul Rivet.

65. Paulo Duarte le signale en partance de Lisbonne pour Rio début juin 1944. Cf. Lettre de Paulo Duarte à Paul Rivet, 13/06/44, Ms 1/2253bis, Archives Paul Rivet.

66. Lettre de Warnier à Rivet, 10/10/1944. CP27, Archives Paul Rivet.

67. Cette collection de livres, dite "Ombredane" a été lancée en 1943 sous le patronage de l'École Libre des Hautes Études (l'Université Française en exil à New York) et le financement de la France combattante à Londres. Le Brésil avait été choisi comme lieu d'édition pour des raisons de coûts financiers et de présence de scientifiques francophiles. Miguel Ozorio est l'auteur du premier volume. On trouve, parmi les suivants, deux autres de lui, et des contributions de René Wurmser, André Ombredane, Alvaro Ozorio, et Carlos Chagas Filho. (Archives Capanema au CPDOC, Rio, lettre de Miguel Ozorio à Capanema du 20/05/1943). Cette série se révélera financièrement très coûteuse. Les livres se vendront finalement en France après la Libération bien davantage qu'au Brésil. Voir le rapport de Maurice Byé sur la situation des enseignants français au Brésil, 26/09/1946 (document communiqué par Gabrielle Mineur). André Ombredanne était un psychologue, élève et ami de Georges Dumas, professeur à l'Université de Rio à cette époque.

68. Warnier à Rivet, 22/09/1944. Ibid.

69. Warnier à Rivet, 28/02/1946. Ibid.

70. Selon Maurice Byé, il avait été le seul à choisir dès janvier 1941 la France libre, et avait été sanctionné par Vichy. Les autres enseignants s'étaient progressivement ralliés à partir de l'entrée du Brésil en guerre. Rapport de Maurice Byé (26/09/1946).

71. Peu avant sa mort, Gabrielle Mineur avait bien voulu me laisser consulter différentes archives qu'elle avait conservées de son poste à Rio. Les éléments concernant le Centre Brésil-France viennent de ces archives et de son témoignage, recueilli le 02/08/1989.

72. Branca Fialho et Miguel Ozorio (pour l'Unesco) sont à Paris dans les premiers mois de 1946. La réputation de Branca Fialho est politiquement plus sulfureuse que celle de Miguel Ozorio: "C'est une laïque très convaincue, ses opinions sont très démocratiques, à la gauche même du socialisme. Son fils, grand avocat à Saint-Paul est de tendance communiste". (Note de Raymond Ronze pour le Recteur de l'Académie de Paris, 27 mai 1946, Archives Nationales, AJ16-6964). Plusieurs fois Présidente de l'Association Brésilienne d'Éducation, Branca Fialho est venue à Paris pour participer à un congrès de la Ligue Française de l'Enseignement, où elle a été reçue par Albert Bayet en présence de Paul Langevin, Louis Lapicque, Jacques Hadamard, Henri Piéron, etc.

73. Parmi les scientifiques rencontrés dans nos réseaux, sont venus à Rio dans le cadre du Centre: Pierre Auger, en tant que directeur de la division des sciences de l'Unesco (1949), Alfred et Denise Fessard (1950), René Wurmser (1951), Paul Rivet (1951, 1954, 1956), Jehan Vellard (1952, 1955), Denise Fessard (1953, 1954, 1956, 1957, 1958), Roger Bastide (1954), Henri Laugier au titre de l'Unesco (1954).

74. Selon Byé (rapport du 29/09/46), l'Ambassade avait provoqué un conflit en 1945 en cherchant à imposer 8 noms de professeurs, contre la volonté d'autonomie des Brésiliens: "le premier devoir de l'Ambassade, c'est de s'abstenir".

75. Une conséquence du rappel de l'attaché culturel français obtenu par Branca Fialho en 1946.

76. IHEAL, fondé dès 1955, où enseignent Roger Bastide, Paul Arbousse-Bastide, Pierre Monbeig, Jehan Vellard, Paul Rivet et d'autres professeurs impliqués dans les échanges franco-brésiliens. L'IHEAL a repris tous les aspects universitaires du Groupement, lequel essaya pendant deux ans de se reconvertir dans le prolongement dans le domaine économique des relations scientifiques. Mais sans succès. L'Institut de Paul Rivet et Paulo Duarte est aussi intégré dans l'IHEAL.

77. Selon Gabrielle Mineur, témoignage du 02/08/1989.

78. Lettre de Raymond Ronze (à Rio) à Miguel Ozorio, 19/06/1945, conservée aux Archives de Paul Rivet, Ms 1/8542. Paulo Duarte était attendu à Rio pour inviter des professeurs brésiliens au Musée de l'Homme. Ronze fait explicitement appel à l'histoire de Miguel Ozorio: "Cette nouvelle institution ne doit pas gêner le développement de l'Institut de haute culture, créé par Dumas et par vous, et qui vient d'être réorganisé sous votre direction et selon un plan longuement élaboré par vous et approuvé par le Ministère de l'Instruction Publique à Rio et les personnalités les plus importantes du monde scientifique".

79. Le 26 novembre 1946, une séance solennelle d'hommage est organisée à la Sorbonne pour Miguel Ozorio, Carlos Chagas Filho, Olympio da Fonseca et Santiago Dantas.

80. Les archives de la mission militaire française à Rio de Janeiro sont au Service Historique de l'Armée de Terre. Voir le carton 7N3391 pour cette période. Sur Nicoletis et Pépin Lehalleur, voir les revues de l'Académie Brésilienne des Sciences, ainsi que le dossier personnel de Pépin Lehalleur à cette Académie.

81. La mission militaire s'occupe marginalement aussi de la médecine vétérinaire ce qui lui donne un point de contact avec Miguel Ozorio à l'École supérieure d'agriculture et de médecine vétérinaire de Niterói.

82. Tito Cavalcanti (1954), *op. cit.*, p. 8.

83. Archives de Miguel Ozorio.

84. Annuaire 1926/27 du Collège de France.

85. Les idées de Miguel Ozorio sont contestées par Lapicque. Avant de publier les notes de Miguel Ozorio, Piéron en discute aussi avec Laugier: cf. Lettres d'Henri Piéron à Miguel Ozorio du 18/10/1924 ou du 20/12/1926, Archives de Miguel Ozorio,

86. Publié aux P. U.F en 1949.

87. Témoignage de Denise Albe Fessard, sa seconde femme, recueilli le 22/06/1987.

88. La participation de Miguel Ozorio au comité de rédaction des *Tables Annuelles des Constantes* se prolongera au long des années 1930.

89. Lettre d'Annette et d'Alfred Fessard à Miguel Ozorio: de retour du Brésil, ils lui transmettent les salutations de ses amis Laugier, Piéron et Lapicque (Archives de Miguel Ozorio, décembre 1926). Les relations politico-professionnelles sont déjà en place à cette date. A noter que le dossier d'Alfred Fessard (1900-1982) à l'Académie Brésilienne des Sciences, dont il est élu membre correspondant en 1951, donne 1927 comme date de ce premier voyage. Il avait succédé à Henri Laugier comme directeur de l'Institut Marey. Il est élu Professeur au Collège de France en 1949 sur proposition d'Henri Piéron.

90. Carlos Chagas Filho souligne l'influence des conférences d'Emmanuel Fauré-Fremiet en 1933 à Rio pour l'orienter vers la biophysique après ses études de médecine. Ernest Gley, Alfred Fessard et René Wurmser font partie des Maîtres dont il se réclame. René Wurmser est le principal soutien de Carlos Chagas Filho lors de l'élection de ce dernier en 1984 comme associé étranger de l'Académie des Sciences.

91. Lettres d'Henri Laugier à Miguel Ozorio, 15/09/26 (de São Paulo), 10/11/26 et s.d. (de Paris), Archives de Miguel Ozorio. Laugier remercie aussi son correspondant d'avoir tant aidé Alfred Fessard "un peu mélancolique" pendant son séjour à Rio. La musique semble aussi avoir rapproché les deux physiologistes. Laugier se réfère à leur "amitié" dès 1926.

92. Selon les termes d'Henri Piéron, dans sa lettre du 21/03/1928 à Miguel Ozorio (Archives de Miguel Ozorio).

93. Louis Lapicque est aussi un point de connexion entre le réseau que nous étudions et celui autour des Curie et Langevin, dit groupe de l'Arcouest, nom du village breton où physiciens et mathématiciens de ce groupe possédaient des maisons de vacances. Louis Lapicque y avait sa maison depuis 1907. Si Henri Laugier était plus distant du groupe de l'Arcouest, c'est cependant à lui que Louis Lapicque confie sa maison en 1927 lors de son voyage au Brésil. Voir Michel Trebitsch (1995), *op. cit.*, p. 25.

94. Tito Cavalcanti (1954), *op. cit.*, p. 10-11. Une publication conjointe de Miguel Ozorio et Louis Lapicque est faite en 1947 dans les *Comptes Rendus de la Société Française de Biologie*.

95. Notamment A. et B. Chauchard, Stodel, Xavier, Bornardel, toujours dans les *Comptes Rendus de la Société Française de Biologie*. Voir Tito Cavalcanti (1954), *op. cit.*, p. 13-24.

96. Selon elle, Miguel Ozorio était ainsi "moins pur" que Georges Dumas, qui n'avait lui aucun intérêt personnel au développement des relations scientifiques entre le Brésil et la France, et qui était totalement dévoué à la chose publique. Entrevue du 02/08/1989.

97. Buenos Aires (1927), Rio de Janeiro (1928), Mexico (1929 et 1930) et Lima (1939) pour le Groupement avant-guerre.

98. Biologiste, professeur au Muséum.

99. Voir les Archives de Paul Rivet. Il s'agit aussi de patronage pour entrer à la Société des Américanistes.

100. Dossier personnel, Tastevin, Archives Nationales, F17-17287 et F17-17225.

101. Sur Paul Lecointe, voir son dossier aux Archives Nationales F17-2983A - Voir aussi José Maria Filardo Bassalo & Waterloo Napoleão de Lima, "Pesquisadores Franceses em Belém do Pará: Escola de Química Industrial", in Amélia Império Hamburger,

Maria Amélia Dantes, Michel Paty & Patrick Petitjean, orgs., *A Ciência nas Relações Brasil-França (1850-1950)*, São Paulo, EDUSP, 1996, p. 183-188.

102. Une seule lettre, du 18/12/1921 (Ms 1/4570) figure aux Archives Rivet, mais elle laisse supposer des relations régulières: envois de livres, aiguillage d'articles pour publication, etc. Paul Lecointe avait eu aussi le prix Logerot, décerné par la Société de Géographie en 1920. Une autre lettre (de Duarte à Rivet, Ms 1/2253ter, 29/01/46) indique que Lecointe est toujours dans ce réseau, et que Rivet se préoccupe encore de le faire travailler: "A Belém vient de se constituer un comité culturel franco-brésilien qui d'après une formule prévue par Warnier, pourra rétribuer et utiliser Lecointe dans des études amazoniques. Il faudra en parler à Paulo Carneiro afin qu'on travaille à Paris jusqu'à mon arrivée".

103. Jehan Vellard, demande de subvention pour une mission au Goias, Archives Nationales, F17-17291. Sa liste de publications montre la fécondité de son travail et sa collaboration avec Vital Brazil. Un livre, préfacé par Maurice Caullery, en fait la synthèse: Jehan Vellard, *Le Venin des Araignées*, Paris, Masson, 1936.

104. Paul Rivet, préface du livre de Jehan Vellard, *Une Civilisation du Miel - les Indiens Guayakis du Paraguay*, Paris, Gallimard, 1939, collection "Géographie Humaine", dirigée par Pierre Deffontaines. Jehan Vellard et Paul Rivet entretiendront une abondante correspondance - plusieurs dizaines de lettres - à partir de cette date, jusqu'en 1956.

105. Le compte-rendu des observations zoologiques faites parait sous forme d'une série d'articles dans le *Bulletin de la Société de Zoologie*, en 1930 et 1931, ainsi que dans *La Géographie* en 1931 et 1935.

106. Jehan Vellard, rapport de la mission au Paraguay, carton 451 du Service des Oeuvres aux Archives Diplomatiques. Publiée aussi dans le *Journal de la Société des Américanistes de Paris*, Tome XXV, 1933, p. 293. Jehan Vellard (1936), *op. cit.*, est le livre tiré de cette mission.

107. Caullery est à la Caisse des Sciences. La demande de Vellard est patronnée par Rivet. Cf. lettres de Vellard à Rivet du 21/04/1933 et du 16/03/1934.

108. Voir notamment ses lettres à Rivet 11/12/1930, 06/02/1931, 27/01/1933 ("je n'ai même plus de laboratoire pour travailler, même à titre bénévole"), 10/02/1933 ("ici la situation est pire que jamais. Le mouvement nationaliste et xénophobe est très violent"), 10/03/1933 ("j'ai une grande hâte de quitter ce pays"), etc. Voir aussi le 12/11/1933: "La tension des relations commerciales franco-brésiliennes a encore aggravé la situation personnelle des Français ici. Miguel Ozorio a été nommé directeur d'un futur institut biologique. Il m'a invité à en faire partie. Devant l'opposition du Gouvernement, il n'a pu réussir dans ce projet. Comme compensation, il m'a fait élire membre correspondant de l'Académie Brésilienne des Sciences. Ce n'est pas du tout la même chose!".

109. Voir plus loin à propos de Paulo Carneiro. Voir lettres de Vellard à Rivet des 08/07/1935, 28/11/1935, 24/11/1937.

110. Jehan Vellard, rapport de mission au Venezuela, Archives Diplomatiques, Service des Oeuvres, carton 455. Voir aussi le *Journal de la Société des Américanistes de Paris*, Tome XXVII, 1936, p. 411.

111. Par méfiance envers les autorités brésiliennes dont il doute de la collaboration sincère, et en raison de sa volonté de quitter le Brésil. Voir les lettres de Vellard 04/03/1937, 24/05/1937 et 18/09/1937.

112. Jehan Vellard, rapport de mission au Matto Grosso, Archives Diplomatiques, Service des Oeuvres, carton 440. Claude Levi-Strauss, *Tristes Tropiques*, collection "Terre Humaine", Paris, Plon, 1988.

113. Jehan Vellard, *Histoire du Curare*, Paris, 1965, Gallimard, collection "Espèce Humaine", 1988.

114. J'ai pu reconter Jehan Vellard lors d'un séjour à Paris en janvier 1989. À la retraite, il habitait toujours Buenos Aires.

115. Voir Patrick Petitjean "Autour de la mission française pour la création de l'Université de São Paulo (1934)", in P. Petitjean, C. Jami et A.M. Moulin, coords., *Science and Empires - Historical Studies*, Boston Studies in the Philosophy of Science n° 136, Dordrecht, Kluwer Academic Publishers, 1992, p. 339-362.

116. Rivet aurait imposé le choix de Levi-Strauss à Dumas: cf. Paulo Duarte, témoignage recueilli par Simon Schwartzmann, Archives du CPDOC/ FGV à Rio, EHC54, p. 88.

117. Levi-Strauss (1988), *op. cit.*, p. Bouglé, alors directeur de l'École Normale Supérieure, faisait partie des mêmes réseaux que Rivet, notamment le CVIA (voir plus loin).

118. EHC54, p. 9.

119. Sur ses relations avec Miguel Ozorio, Paulo Duarte indique qu'elles étaient excellentes, malgré la séparation forte entre les communautés scientifiques de Rio de Janeiro et de São Paulo. Pendant son exil, il prétend que Miguel Ozorio venait le visiter chaque fois qu'il venait en vacances à Paris (EHC54, p. 123). Il met aussi Olympio da Fonseca, qui a travaillé avec les réseaux du Groupement, parmi les amis de Paul Rivet (EHC54, p. 131).

120. Brigitte Schroeder-Gudehus, *Les Scientifiques et la Paix*, Presses Universitaires de Montréal, 1975.

121. Les éléments concernant le Brésil proviennent d'un premier travail dans les Archives de l'Itamaraty.

122. Cf. Patrick Petitjean (1998), *op. cit.*, p. 189-192.

123. IICI, *Pour une Société des Esprits, Correspondance I*, Paris, 1933. La réponse de Miguel Ozorio: p. 35-53. Henri Bonnet, Henri Focillon et Paul Valery font partie du Cercle de la rue de Tournon (voir plus loin).

124. Voir au début de cet article.

125. Miguel Ozorio a séjourné 2 mois à New York après cette conférence à Cuba (Archives Paul Rivet, lettre de Paulo Duarte à Paul Rivet, 16/01/42, Ms 1/2249).

126. Patrick Petitjean (1998), *op. cit.*, p. 201-207. Needham a été soutenu par Louis Rapkine et Frédéric Joliot-Curie. Henri Laugier défendait les positions officielles françaises de relance de l'IICI.

127. Léon Blum, socialiste, était le Premier Ministre du Front Populaire. Lucien Febvre, historien, fondateur de l'École des Annales, avait peu été impliqué dans les relations avec l'Amérique Latine, à part un voyage en Argentine pour le Groupement. Par contre, il est proche des réseaux de Rivet et Laugier: socialisant, mais moins impliqué dans l'engagement politique, il participe au CVIA; il les retrouve dans le projet de *L'Encyclopédie Française* dans les années précédant la guerre, ainsi qu'au Centre International de Synthèse. Lucien Febvre s'implique beaucoup dans l'Unesco, au contraire par exemple de Joliot-Curie qui garde ses distances vis-à-vis d'un organisme qu'il juge trop intergouvernemental, et qui préfère s'impliquer dans la création de la Fédération Mondiale des Travailleurs Scientifiques.

128. Au contraire de Joseph Needham ou de Lucien Febvre, Julian Huxley a une conception très scientiste et élitiste du développement des civilisations. La science doit permettre aux "peuples arriérés" de rejoindre la civilisation, telle reste son idéologie.

129. Pierre Auger, physicien français proche de nos réseaux, lui succède en 1948.

130. 5 Chinois, 4 Indiens, 3 Français, 3 Britanniques, 2 Argentins, 2 Brésiliens, 2 Belges, 2 Nord-Américains et 12 autres nationalités. Cf. Joseph Needham, *Science and International Relations*, Blackwell Scientific Publications, Oxford, 1949 (version révisée de la 50ème Conférence Boyle du 01/06/1948), p. 24.

131. La plupart des informations sur l'itinéraire de Paulo Carneiro sont reprises de l'entrevue qu'il a accordée le 07/08/1979 au Museu de Imagem e do Som (Rio de Janeiro), et conservée aux archives orales du MIS. Son positivisme très ostentatoire le tient un peu en marge des réseaux étudiés.

132. "Sans la vision et l'obstination du biochimiste brésilien, le Dr. Paulo de Berredo Carneiro, l'Institut International de l'Amazonie Hyléenne n'existerait pas aujourd'hui", écrit Joseph Needham (1949), *op. cit.*, p. 28.

133. Jehan Vellard y restera: voir sa lettre à Rivet du 24/11/1937 (Archives Rivet).

134. Tout en se revendiquant d'un réformisme social, il prend de fortes distances avec le communisme, accusé par son extrémisme de contribuer à disqualifier tout progrès social.

135. Service des Oeuvres, Archives Diplomatiques, carton 440.

136. Carlos Chagas Filho, très impliqué dans les réseaux scientifiques franco-brésiliens, tant au niveau institutionnel que professionnel, a aussi d'autres sociabilités que celles étudiées ici, à travers le réseau de l'Académie Pontificale des Sciences.

137. Pour plus de détails sur l'histoire du projet HSCH, voir Patrick Petitjean (1998), *op. cit.*, p. 210-221.

138. ICSU pour les sciences exactes, et ICPHS pour la philosophie et les sciences humaines.

139. Lucien Febvre, "report to ICPHS, May 1949", in *Cahiers d'Histoire Mondiale*, v. I, 954-961, 1953-1954.

140. Miguel Ozorio de Almeida, "Rapport sur l'histoire scientifique et culturelle de l'humanité", in *Cahiers d'Histoire Mondiale*, v. I, 962-986, 1953-1954. Ce rapport est daté du 23/08/1949. Le nom de Miguel Ozorio avait été proposé par Pierre Auger.

141. Voir lettres et critiques aux archives de l'Unesco, SCHM8, 2.31(2).

142. Historien Nord-Américain.

143. En plus Patrick Petitjean (1998), voir, aux Archives de Paul Rivet, la lettre conjointe de protestation que Lucien Febvre propose à Paul Rivet pour envoyer au Directeur Général de l'Unesco: Ms 1/2660 du 19/01/1951.

144. Régulièrement publiés dans les *Cahiers d'Histoire Mondiale*.

145. Voir Michel Trebitsch (1995), *op. cit.*, p. 41-42, et également Patrick Petitjean (1998), *op. cit.*, p. 195-196 pour les relations de l'Union rationaliste avec John Desmond Bernal et les savants progressistes anglais. Selon Michel Trebitsch, l'Union rationaliste est typique des sociabilités d'Henri Laugier: scientisme et politique non-partisane.

146. Cette élection suscite l'intérêt de Jehan Vellard, qui félicite Paul Rivet pour son élection et lui demande des renseignements sur le CVIA (lettre du 08/07/35 à Paul Rivet, Archives Paul Rivet). Jehan Vellard apparaît pourtant très loin des réseaux politiques de Paul Rivet.

147. Patrick Petitjean (1998), *op. cit.*, p. 192-195.

148. Louis Rapkine jouera un rôle déterminant dès le milieu des années 1930 pour cette aide à l'émigration. Henri Laugier le secondera en 1940/1941. René Wurmser en bénéficiera pour quitter la France occupée et aller travailler dans le laboratoire de Carlos Chagas Filho à Rio de Janeiro.

149. Duarte à Rivet, 28/06/41: "De quelque façon, je veux dire que pour nous - Juanita et moi - continuons les mêmes amis, et que pour nous, le Cercle Fénelon et le Musée de l'Homme sont des souvenirs inoubliables" (Archives Paul Rivet, Ms 1/2245). Duarte donne dans cette lettre à Rivet des nouvelles d'Henri Laugier et d'Henri Bonnet, comme il le fera très souvent dans sa correspondance du temps de la guerre. Dans sa nécrologie de Paul Rivet, dans *O Estado de São Paulo*, Paulo Duarte mentionne aussi le "Cercle Fénelon".

150. La citation est de Paulo Duarte, "Henri Laugier, un mage moderne", in *O Estado de São Paulo*, p. 2, 1973 ou 1974 (Traduction aux Archives d'Henri Laugier, n° 58). Cité par Michel Trebitsch (1995), *op. cit.*, p. 39.
151. Noms cités par Michel Trebitsch (1995), *op. cit.*, p. 39.
152. Patrick Petitjean (1998), *op. cit.*, p. 198-199. *Tots and Quots* se voulait lieu de réflexion sur la situation politique internationale et sur les moyens d'enrôler la science dans la préparation de la guerre contre le fascisme. Paul Langevin, Pierre Auger, Louis Rapkine et Henri Laugier ont participé à des réunions de ce club.
153. Paulo Duarte se dit ami de Léon Blum, de Lapicque (EHC54). La lutte passe avant l'étude, écrit-il à Paul Rivet le 13/06/44 (Archives Rivet). De retour au Brésil, il participe à la tentative de fondation d'un Parti Socialiste (lettre à Paul Rivet, 29/01/1946, Ms 1/2253ter, Archives Rivet). Roger Bastide également, quand il veut contacter Paul Rivet en 1938, lui signale qu'il a aussi été adhérent du Parti Socialiste, comme Claude Levi-Strauss (qui lui a parlé de Paul Rivet) (Archives Paul Rivet, Ms 1/373A, 23/12/38).
154. Notamment Paul Langevin, René Wurmser et Henri Wallon. Paul Rivet et les pacifistes antifascistes quitteront aussi le CVIA après Munich en 1938, laissant seuls les pacifistes intégraux dans une coquille vide.
155. Dossier personnel de Paul Rivet à l'Académie Brésilienne des Sciences.
156. MOA-1942, *op. cit.*, p. 40-42. Il n'a pas été déçu par le pacte germano-soviétique, car il n'avait jamais eu d'illusions sur le communisme, contrairement à certains de ses collègues "idéalistes" en France.
157. Morelle/Jakob (1997), *op. cit.*, p. 222-223.
158. Ainsi, à partir de la période des Compagnons de l'Université Nouvelle, Henri Laugier participe à de très nombreuses commissions de toute sorte pour des réformes, notamment pour la création du CNRS avec Jean Perrin et Frédéric Joliot-Curie. Comme éducateur, on le trouve aussi dans le projet du Palais de la Découverte en 1937, avec Jean Perrin, et au comité directeur de l'*Encyclopédie Française*, avec Lucien Febvre, Paul Langevin, Paul Rivet, etc.
159. Mary-Jo Nye, "Science and socialism. The case of Jean Perrin in the Third Republic", in *French Historical Studies* 9, 141-169 (1975). Paul Langevin occupe une position intermédiaire entre Jean Perrin et les marxistes, la fonction de la science s'appliquant dans le cadre d'un déterminisme socio-économique qui ne s'y réduit pas. Cf. Bernadette Bensaude-Vincent (1987), *op. cit.*

Créer, Représenter, Comprendre Création Artistique et Création Scientifique

Michel Paty

Equipe Rehseis, UMR 7596, CNRS et Université Paris 7

Résumé

Les objets de science, comme ceux de l'art, n'existent pas à l'état naturel: ils sont ajoutés aux objets de la nature par l'activité créatrice de l'homme. Créer, représenter, comprendre, caractérisent également ces deux activités par ailleurs différentes dans l'intention, dans les modalités et dans les effets, que sont l'art et la science. Et c'est ce qui les rapproche étrangement.

1. Représenter et Comprendre

Représenter et comprendre correspondent à un projet explicite très ancien, qui renvoie à la situation de l'homme dans la nature, dans le monde, aussi loin que l'on remonte aux origines de la vie sociale. Les mythes mettant en scène des dieux et des héros, ou les généalogies des rois, étaient dans la haute antiquité donnés comme des représentations de l'ordre du monde destinées à le faire admettre, à l'assimiler, à le faire "comprendre", dans un sens qui se confond pour une bonne part avec celui de représentation entendue avec une connotation réflexive: celui qui la reçoit et la redit y a sa place. Comprendre, cela dut être pour l'essentiel, pendant longtemps, admettre l'élément de sens ou de savoir considéré au sein d'un ordre existant, comme prolongement de la conscience d'un sujet se trouvant à sa place dans l'ensemble englobant, nature et société, qui l'environne.

Il y aurait, en ce sens, dans cette compréhension primitive ou première, quelque chose comme une nécessité vitale pour l'équilibre psychique et social des individus, contre l'anxiété ou l'instabilité de l'inconnu et de l'étrange, et il en reste sans doute aujourd'hui des traces parmi les fonctions que l'on attache à la compréhension. L'aspect d'appartenance, d'autre part, se trouve présent, d'une certaine manière, dans la compréhension d'un savoir, mais transposé à un ordre de réalités plus abstraites: des propositions cognitives particulières s'ajustent dans une totalité dont elles tiennent leur signification propre. Ces propositions et leur ensemble référentiel sont pensés individuellement par des subjectivités, et le lien social entre ces dernières est rendu par la communication, qui est en premier lieu celle des mémoires (par l'enseignement et le contenu réactivé des livres ou des autres textes écrits).

Tel est peut-être le sens atavique des idées sur la connaissance que l'on retrouve encore chez Platon, par exemple dans son dialogue *Menon*, où Socrate fait comprendre des vérités mathématiques à l'esclave inculte en suscitant chez lui leur re-découverte, par le simple guide du raisonnement. L'esclave non seulement les comprenait mais les *découvrait* par lui-même (et en lui-même). L'expérience de la compréhension (ou de l'intelligibilité), pour être elle-même comprise, demandait alors de rapporter l'intelligence d'une connaissance nouvelle à la remémoration, dans une doctrine héritée de la métempsychose familière aux Pythagoriciens.

Cette interprétation de la compréhension par la mémoire s'opposait cependant à une idée qui devait s'imposer plus tard aux esprits modernes (contemporains) avec de plus en plus d'évidence: celle que la compréhension peut accompagner un *acte de création*. L'idée de création demande de sortir de la mémoire, car tout ne pré-existait pas, et l'on expérimenta qu'il est possible de comprendre quelque chose qui ne se ramène à rien qui soit connu. Après l'enthousiasme de la redécouverte des auteurs de l'Antiquité Classique à la Renaissance, les hommes de science s'aperçurent que tout ne se trouvait pas dans les auteurs anciens, dans les écrits du passé – un passé conçu comme l'âge d'or ou le paradis de l'omniscience perdue. Il fallait désormais se mettre à l'école du livre de la nature et développer l'exercice de la raison, librement.

L'esprit moderne des sciences se définissait, précisément, comme situé en dehors de l'érudition et rejetait toute autorité livresque et tradition des anciens. Les noms de Galilée et Descartes symbolisent cette conception qui ouvrait le champ de la liberté intellectuelle et de la création, sans pour autant que ce dernier terme fût encore pleinement reconnu. Du moins, l'intelligibilité était-elle devenue l'exigence première, avec le sens de l'expérience singulière d'un sujet, posée comme condition de sa validité universelle (par l'égalité en raison des sujets humains).

L'art, de même, ne comportait pas encore, au cours des mêmes époques, l'idée de création: faire une oeuvre d'art, c'était reproduire, ou construire selon une harmonie, conçue en termes de proportions inscrites dans la nature éternelle ou dans la loi divine, selon des normes qui n'appartenaient pas aux humains: des chants orphiques (ou de ceux des bardes) aux conceptions de Platon sur la poésie[*], ou à la *Poétique* d'Aristote, une continuité se laisse entrevoir, malgré les transformations de la fonction. à la fin du Moyen Âge, la poésie de Dante était encore, comme celle de Virgile, une célébration, et de même, un peu plus tard, au XVIè siècle, celle de Camoens.

L'art et la science dans leur lien à la nature ne se confondaient pas pour autant, et la fonction du *logos*, de la raison, nettement précisée dans la pensée philosophique et scientifique, faisait la différence. Traditionnellement, et en particulier de la Renaissance au siècle des Lumières, l'art fut lié à l'imagination et à la mémoire, et les sciences à la raison. Si l'on pouvait, pour les deux, parler d'"invention", c'était dans le sens de "trouver ce qui était déjà là mais caché": en latin, *invenire*. Le mot de découverte et celui d'invention se recouvraient dans ce

---

[*]   Voir Vernant [1965].

même sens de retrouver et dévoiler (*dé-couvrir*). Des variations sémantiques ont pu les différencier, mais sans laisser voir que l'un serait davantage que l'autre lié à une liberté de l'esprit créateur (sinon dans un certain sens péjoratif d'"inventions"). (D'un autre coté, le latin d'église parle, dans la liturgie catholique, de l'*invention de la Sainte Croix*, qui n'était évidemment pas pensée sur le mode de la fiction, mais dans le sens premier de découvrir ou retrouver).

2. Liberté et Création

L'idée de création, entendue comme le résultat d'une activité humaine, est plus récente. Elle est d'ailleurs variable avec les cultures et les civilisations. Dans l'univers des anciens Grecs, la fonction de créer revenait au démiurge, créateur de mondes (voir le *Timée* de Platon). Les ingénieurs étaient peut-être les seuls humains créateurs, fabriquant des *artefacts*, mais cette activité fut longtemps conçue séparément de la pensée théorique, c'est-à-dire, pour cet univers mental, de la pensée au sens plein du terme. Démiurges humains, ils copiaient mécaniquement le monde avec des effets curieux. Du moins leur accorda-t-on, les premiers, le droit au titre d'*inventeurs*. Peut-être, au Moyen-Âge, les bâtisseurs de cathédrales étaient-ils considérés comme des créateurs, mais ils étaient avant tout (et se voulaient) d'humbles servants de la gloire divine, et l'on concevait que c'était Dieu qui directement les inspirait. Cela vaut aussi pour les peintres et sculpteurs, dont les sujets étaient alors presque exclusivement religieux (témoins, par exemple, Roublev, peintre d'icones[*], les artistes italiens du Quattrocento, les premières peintures du Gréco).

L'art, en général, resta longtemps le fait de l'artisan, entre les Ecoles et les Métiers. La question de l'oeuvre individuelle ne se posa que tardivement: à partir de la Renaissance l'on s'intéressa aux noms des artistes. C'était aussi l'époque de la découverte du droit à la subjectivité, mais dans une conception de l'individualité que tempérait, pour lui garder un sens selon la double exigence de signification et de communication, une idée explicite de l'universalité (elle-même liée dès l'origine à la notion de *logos*, ou raison)[**]. La libération des thèmes, des formes, des moyens, allait aussi avec la revendication du droit à l'interprétation (de la lecture de la Bible, par exemple), au libre arbitre, en même temps qu'avec l'approfondissement de la représentation, par des procédés qui étaient explicitement des reconstructions, si l'on considère, par exemple, l'invention de la perspective.

Il fallait une idée forte de la liberté pour concevoir l'idée de *création*. Cette dernière supposait non seulement découvrir de nouvelles expressions pour les significations, de nouvelles formes de représentation, de nouvelles conventions symboliques, mais les détacher d'une liaison avec des faits de nature admise jusque-là comme nécessaire, sans que, pour autant, elles perdent leur pouvoir signifiant. Créer, c'était établir librement de nouvelles significations, faire du sens

---

[*]   Tarkovski [1967].
[**]   Vernant [1965], Paty [1997c].

avec des éléments matériels, verbaux ou symboliques qui n'étaient pas donnés tout faits, existant déjà là.

Si les conditions de la libération des esprits (et l'affirmation du droit inaliénable à la liberté de penser) furent énoncées pleinement aux xviiè et xviiiè siècles (de l'âge d'or classique au siècle des Lumières), c'est au xixè qu'il revint de poser les bases de cette subversion réflexive de l'idée de liberté pour la pensée qu'est celle de liberté créatrice. Il le fit, en art, très clairement avec le symbolisme: la conscience de la distance irrémédiable entre le mot et la chose désignée affermit la conscience de la liberté pour ainsi dire absolue du poète. La fleur, en tant que parole prononcée (ou chantée par le poète), est "l'absente de tout bouquet" (Mallarmé[*]). L'expression de ce gouffre de la liberté dans la représentation artistique a d'ailleurs été reprise, plus tard, textuellement pour l'image dans le dessin ou la peinture par Magritte: "Ceci n'est pas une pipe". Bien entendu, le surréalisme se voulait explicitement création, en affirmant la puissance réaliste de l'imaginaire. Mais avant lui, le symbolisme et l'impressionnisme, entre autres courants novateurs dans les arts plastiques, en avaient pleinement conscience. Le romantisme, au contraire, avait été un retour à la fusion dans la nature, chère à l'Antiquité et aux humanistes de la Renaissance.

Il est admis désormais que l'art est création, surtout avec les éclatements en toutes directions du xxè siècle. Il fait appel à l'imagination, à l'intuition, à la mémoire, mais aussi à la rigueur, voire au concept, et, en cela, se rapporte aussi à la raison. Le fait que l'on parle volontiers de *travail* sur la *matière* picturale, sculpturale, verbale, musicale signale que la distance entre l'artiste et le chercheur scientifique à cet égard n'est pas si grande: le chercheur, le savant, aussi travaille sur la matière. Et, en vérité, ce dernier lui-même invoque volontiers le sentiment esthétique.

Lorsque Pierre Soulages fait jaillir du noir la lumière sans s'appuyer sur la représentation d'une forme, nous avons le sentiment de comprendre mieux, dans une expérience vécue immédiate, quelque chose du monde, le rapport de la matière et de la lumière, et cette illumination se rapproche de celle que peut donner une compréhension soudain acquise du cosmos. Elle a, de plus, une dimension directement et immédiatement subjective, qui est aussi présente pour la science mais seulement dans le temps second de la réflexion.

En sciences, ce fut peut-être d'abord par les mathématiques que surgit l'affirmation "libertaire", avec la découverte de géométries non euclidiennes: il était possible d'édifier toute une science dont les propositions n'étaient pas absurdes, et aussi solide que la géométrie euclidienne bimillénaire, en partant de prémisses qui ne paraissaient pas naturelles[**]. Mais aussi avec la construction abstraite des mathématiques à partir de définitions posées sans référence à des

---

[*]   S. Mallarmé, Avant-dire au *Traité du Verbe* de René Ghil (1886), in Mallarmé [1994], p. 857.

[**]   Voir la découverte des géométries non-euclidiennes par K.F. Gauss, J. et F. Bolyai, V. Lobachevski (cf., p. ex., Gauss et Sculmeister [1831-1846], Lobachevski [1836-1838, 1840]) et, suivant une autre voie, Riemann [1854]. Cf. Houzel [1990, 1989].

objets sensibles: la construction des nombres réels[*], l'extension de la notion de nombre aux grandeurs imaginaires par les nombres complexes[**], ou celle de la géométrie à n dimensions fondée sur la notion de variété continue et différentiable[***], avant même le programme d'Erlangen[****] ou l'axiomatisation de la géométrie par Hilbert[+].

En physique, l'examen critique des principes et des concepts dans l'élaboration des théories en rapport à l'expérience[++] mettait en évidence leur caractère provisoire et approximatif, construit et "inventé"[+++]. Et sans parler, ici, des autres sciences, de la nature ou de l'homme. (Pour les sciences formelles, on peut encore évoquer, pour la période récente, la multiplicité des logiques qui peuvent être construites à coté de la logique classique)[++++]. Cependant, dira-t-on, si l'on conçoit aisément dans la science la découverte, il n'est pas aussi évident d'y voir la création, ou l'invention, dans la mesure où elle a pour objet (les mathématiques et la logique exceptées) la représentation et la description de la nature. Dans quel sens peut-on dire que l'activité scientifique comporte quelque chose de l'activité créatrice? Comment la *construction* d'une représentation peut-elle aboutir à l'obtention d'une *description* de quelque chose qui lui *pré-existe*?

Et, considérant ces questions et les réponses que l'on en peut tenter, on se demandera aussi ce que c'est qu'apprendre: qu'est-ce qu'apprendre et comprendre le résultat d'une telle construction par rapport à ce qu'il importe de connaître, la *réalité*, ou *ce qui est*. Science et art se rejoignent encore ici, ne serait-ce que par le rôle de l'*intuition* dans la compréhension, dans la réalisation de l'intelligibilité.

Les questions précédentes sont, de fait, sous un certain angle, communes à l'art et à la science. Car il s'agit, dans les deux cas, de se reporter à ce qui a un sens, par-delà l'utilité pratique. Comme l'exprimait João Guimarães Rosa (l'un des grands écrivains de notre époque), "O bem estar do homem depende do descobrimento do soro contra a varíola e as picadas de cobras, mas também depende de que ele devolve a palavra seu sentido original". Et, poursuit-il d'ailleurs: "Meditando sobre a palavra, ele se descobre a si mesmo. Com isto repete o processo da criação"[*]. Retrouver le sens originel des mots, c'est "donner un sens plus pur aux mots de la tribu"[**]; c'est, selon une autre expression de Stéphane Mallarmé, "séparer (...) le double état de la parole, brut ou immédiat ici, là essentiel". "A quoi bon, écrivait-il, la merveille de transporter un fait de nature en

---

*	Cf. Dedekind, Cantor, Weierstrass
**	Cf. K.F. Gauss et J.F. Argand, au début du xixè siècle.
***	Riemann [1854].
****	Klein [1872].
+	Hilbert [1899].
++	Voir, notamment, Helmholtz, Mach, Poincaré, Duhem
+++	Paty [à paraître].
++++	Costa [1997].
*	Voir: Gunter Lorentz, Diálogo com Guimarães Rosa (1964), in Rosa [1994], p. 48.
**	S. Mallarmé, Le tombeau d'Edgar Poe (1876), in Mallarmé [1945], p. 857.

sa presque disparition vibratoire selon le jeu de la parole, cependant, si ce n'est pour qu'en émane, sans la gêne d'un proche ou concret rappel, la notion pure?"[*]

3. Rapprochements dans la Distance

Le travail scientifique consiste, d'une manière générale, à rassembler des données éparses, des faits d'expérience ou de raison, en une même loi ou théorie. La première opération est le choix des faits appropriés dans la myriade de ceux qui se présentent à tout instant[**]. Poincaré attribue au choix des faits une valeur dans l'ordre du travail scientifique créateur. Comprendre, ce n'est pas reproduire la nature, c'est la voir d'un certain point de vue, autrement, par le regard de l'esprit qui la reconstruit pour son propre usage, selon le vocabulaire de ses éléments symboliques propres. L'idée de signification s'impose ici et, par là, la science et l'art se rejoignent.

L'attachement à l'apparence immédiate resterait incapable de fournir l'accès à des relations significatives. Il s'agit au contraire de chercher les similitudes porteuses de sens par-delà les dissemblances matérielles. La distance entre des faits que l'on saura rapprocher révélera, pour ainsi dire, une propriété d'une portée beaucoup plus essentielle. Dans le choix des faits, indique Poincaré[***], l'on se préoccupe "moins de constater les ressemblances et les différences, que de retrouver les *similitudes cachées* sous les divergences apparentes". Rapprocher dans la distance, tel est, pour lui, le rôle de l'analogie mathématique: "Différentes par la matière, [des classes différentes d'objets, ou des règles particulières établies pour elles] se rapprochent par la forme, par l'ordre de leurs parties"; elles offrent alors un nouveau point de vue sous lequel une généralisation est possible. La *forme*, ici, concerne la *structure*: c'est elle qui gouverne l'ordre interne et rend compte des propriétés fondamentales, de l'architecture. "Ce que le vrai physicien seul sait voir, c'est le lien qui unit plusieurs faits dont l'analogie est profonde mais cachée". Souriau, écrivait pour sa part, dans le même ordre d'idées[****]: "Pour inventer, il faut penser à coté".

Dans un tout autre domaine, celui de la création artistique dans un art visuel comme le cinéma, Jean-Luc Godard exprime une idée similaire à propos de la signification de l'image: "L'image est une création pure de l'esprit. Elle ne peut naître d'une comparaison, mais du rapprochement de deux réalités plus ou moins éloignées. Plus les rapports des deux réalités rapprochées seront lointains et justes, plus l'image sera forte"[+].

---

[*]   S. Mallarmé, Avant-dire au *Traité du Verbe* de René Ghil (1886), in Mallarmé [1994], p. 857.

[**]   Poincaré [1908c], éd. 1918, p. 14: "Pendant que le savant découvre un fait, il s'en produit des milliards de milliards dans un millimètre cube de son corps. Vouloir faire tenir la nature dans la science, ce serait vouloir faire entrer le tout dans la partie".

[***]   Poincaré [1908c], éd. 1918, p. 14-15 (souligné par moi, M.P.).

[****] Cité par Hadamard [1945], trad. fr., p. 52.

[+]   Jean-Luc Godard, *JLG/JLG* (film), 1991. Godard est, à mes yeux,

Poincaré envisage un rapprochement entre la création scientifique et avec l'art, d'une part sous l'angle du sens esthétique commun aux deux, d'autre part sous celui du rapport de la création au modèle. Pour le mathématicien, en effet, la nature est une espèce de modèle, au sens du modèle en peinture: le mathématicien pur qui oublierait l'existence du monde extérieur serait semblable à un peintre qui saurait harmonieusement combiner les couleurs et les formes, mais à qui les modèles feraient défaut. Sa puissance créatrice serait bientôt tarie. Les combinaisons que peuvent former les nombres et les symboles constituent une multitude infinie, où le risque serait grand de s'égarer: la physique permet justement de choisir les combinaisons qui sont dignes de retenir l'attention, empêchant "de tourner sans cesse dans le même cercle". C'est que, "quelque variée que soit l'imagination de l'homme, la nature est mille fois plus riche encore"[*].

La distance entre le formel et la nature peut être vue comme un indice de la liberté créatrice de la pensée (indice qui l'a rendue plus évidente et a sans doute aidé à en donner conscience). Cependant, poussée trop loin, elle neutraliserait l'effet réel de cette création de pensée dans son application à la nature (dans le cas de la physique, mais aussi pour les mathématiques, au niveau de la "réalité mathématique" elle-même). Poincaré a exprimé cette opposition entre le *formel* et le *réel*, malgré leur appui mutuel (le formel permet de connaître le réel, le réel fournit son contenu au formel): elle correspond à celle entre la *rigueur* (formelle) et l'*intuition*, et entre la *démonstration* et l'*invention*. Pour lui, l'intuition est nécessaire au géomètre pur: "C'est par la logique qu'on démontre, mais c'est par l'intuition qu'on invente". L'intuition est ce qui permet de "combler l'abîme qui sépare le *symbole* de la *réalité*". Sans l'intuition, "le géomètre serait comme un écrivain qui serait ferré sur la grammaire, mais qui n'aurait pas d'idées"[**].

Les symboles jouent un rôle fondamental dans la création, artististique aussi bien que scientifique: non pas seulement au niveau de la *matière* de ces *objets de pensée* que sont les représentations et théories scientifiques ou les oeuvres d'art, mais à celui du *processus* de la pensée représentative et créatrice elle-même. Ce processus est peut-être différent pour les unes et pour les autres par la manière dont les idées ou les symboles s'associent: en science, ils sont ordonnés à un raisonnement, en art ils peuvent s'en tenir aux rapprochements. En langage informatique, on dirait peut-être que l'usage d'une symbolique correspond, chez l'artiste, à un travail de la pensée sur le mode "*analogique*" (les symboles expriment des rythmes, des sons, des images, des volumes ou des couleurs), tandis que le processus de la pensée rationnelle correspondrait davantage, même dans les moments créateurs, à une combinatoire de symboles porteurs de sens, plus proche du "*numérique*" ou "*digital*". On peut du moins l'inférer des descriptions données pour leur propre cas par des savants comme Poincaré et Einstein: des symboles

---

philosophe-cinéaste, en ce sens que son travail cinématographique est en même temps film et réflexion sur le cinéma dans le langage même du cinéma (par images, sons et paroles).

[*]   Poincaré [1897], éd. 1991, p. 25.

[**]   Poincaré [1889]. C'est moi, M.P., qui souligne.

abstraits, appartenant à une sorte de vocabulaire personnel, s'"accrochent" et forment de nouvelles combinaisons, douées de sens.

Les images ou les formes concrètes de l'art se constitueraient, dans la pensée créatrice, à partir de symboles sur le mode "analogique", et la pensée abstraite et rationnelle sur un mode symbolique plus proche du "numérique". Proposons, du moins, l'hypothèse. Mais qu'en est-il de la libre association de ces éléments symboliques jouant au niveau de la pensée, représentatifs d'images, formes, sons ou couleurs dans le cas de la pensée artistique, ou d'*idées*, mots ou concepts, dans le cas de la pensée scientifique ou plus généralement rationnelle? Car, indéniablement, elle appartient à la création en art comme à celle en science et en raison. S'effectue-t-elle sur le mode "analogique" ou sur le mode "numérique"? Ou fait-elle appel aux deux ? En admettant que cette formulation ne soit pas trop réductrice (aux standards informatiques), je ne préjugerai pas, de toute façons, de la réponse.

4. Explication sans Réduction

Cette question nous amène à évoquer certains thèmes de la philosophie cognitive, et notamment de l'explication des opérations de la pensée, y compris créatrice, par des algorithmes opérationnels qu'il serait possible de retrouver et de reproduire. Sans former de position définitive sur cette question, je la vois mal dans sa formulation même, concernant ce que nous concevons comme création. L'invention me paraît être, comme les niveaux d'émergence dans l'organisation structurelle de la nature, tout au plus éventuellement "explicable" après coup, mais non pas prévisible avant. Au surplus, ce qui serait éventuellement explicable, dans le cas de l'invention, c'est l'invention singulière qui a eu lieu, non l'idée d'une invention plus générale. Car, disposer de la méthode d'invention, ce serait, nous souffle le bon sens, la fin de l'idée même de création. Ce serait, en quelque sorte, vouloir "cloner" la pensée, choisir la fermeture sur les formes connues et les constructions prévisibles, alors que l'interaction de la pensée humaine (comprenant les fonctions cérébrales et l'interrelation du cerveau avec le corps) avec l'univers qui l'entoure est riche d'infinies possibilités: c'est bien à ce niveau d'ouverture que se situe l'invention. On touche par là, me semble-t-il, l'insuffisance et la réduction qu'implique la seule dimension cognitive, fût-elle étendue des fonctions neurophysiologiques au langage.

En cherchant à expliquer "naturellement" (par un processus naturel, ramené en dernier ressort à un phénomène neuronal ou à des modèles informatiques de ce dernier) la pensée cognitive, voire artistique, et la création elle-même, on succombe, me semble-t-il, à la tentation de "réduction naturaliste" de la représentation. Je dis réduction, parce que c'est bien, en fait, mettre ces questions au lit de Procuste de notre savoir dans le domaine selon lequel on privilégie l'analyse, savoir qui est, de toute façon, limité. Par décision, on enlève tout ce qui dépasse. Mais ce n'est pas là *comprendre*.

Certains adeptes des thèses déterministes ou algorithmiques sur la pensée cognitive voudraient, en somme, qu'un phénomène (à savoir cela que l'on prétend décrire par les sciences cognitives) engendre sa propre représentation. Or une telle position n'est que *réductionniste*, alors qu'elle se veut le plus souvent *moniste* (par opposition au *dualisme*). Mais si le monisme admet un seul principe de la réalité, il admet aussi le caractère inachevé de toute connaissance de cette réalité, et ne fait pas de la réduction un principe universel de connaissance: il sait, au contraire, qu'elle engendre fréquemment l'erreur et dresse des obstacles épistémologiques devant la connaissance.

Le projet en question serait, en effet, extrèmement naïf, impliquant un "naturalisme des idées" parfaitement illusoire. Nous tenons ici une limite contraignante de la méthode de réduction qui a, certes, souvent réussi en sciences, (en général, au prix d'un élargissement des cadres représentatifs) mais aussi échoué quand l'objet réel ne pouvait s'y conformer: il fallait alors chercher par un détour, en inventant des concepts pour rendre compte de la spécificité qui résistait au bagage trop pauvre de connaissances. Définir les idées par projection sur ce que nous savons par les neurosciences et l'intelligence artificielle est une réduction décidée a priori. Et, après tout, les sciences humaines et sociales (quelque soit leur type problématique de scientificité) ont été inventées pour tenir compte de la spécificté de ces genres d'objets.

Le projet en question repose sur une idée faussée de l'objectivité, comme si cette dernière portait sur des correspondances terme à terme entre des éléments isolés de la représentation et des éléments de réalité supposés exister eux-mêmes isolément, alors qu'il ne s'agit jamais, dans toute représentation, que d'une correspondance de structure (entre la *représentation* et le *réel* ou *monde objectif*) comme l'atteste la possibilité de prédire, pour une représentation donnée[*].

Tel serait le rôle imparti à l'induction, si l'induction logique était une part effective du processus de connaissance: refaire le tout par petits pas, mais cela reviendrait à appauvrir le tout. L'induction au sens strict s'oppose à l'invention.

Le monde extérieur n'est jamais identifiable à notre représentation symbolique et mentale. C'est d'ailleurs pourquoi, dans le langage particulier de la science, le *sémantique* peut devenir *syntaxique*, comme l'enseigne l'histoire de l'évolution des idées et des théories scientifiques, et c'est aussi ce qui semble ressortir des expériences réflexives sur le processus de pensée créatrice.

Dans l'élaboration théorique, la chose (matérielle) désignée au départ relève du *sémantique* (avec sa part d'obscurité irréductible, exprimée par des principes, des concepts, sous forme de noms et de symboles opératoires); ensuite, au fur et à mesure que la compréhension progresse, une part d'obscurité de ce désigné se résoud dans des relations, qui relèvent du *syntaxique*. Par exemple, l'*éther électromagnétique*, conçu par Maxwell comme un milieu concret bien qu'invisible, support des champs de force, devait plus tard se dissoudre sous le concept de champ et dans les *équations relationnelles* de ces champs (obéissant à l'invariance par les transformations de Lorentz), qui comportent davantage de syntaxique (tout en laissant une part encore irréductible au sémantique).

---

[*] Paty [1988], chapitre 9; Paty [1997b].

On voit, de nos jours, l'évolution de la physique des champs fondamentaux d'interaction de la matière s'orienter clairement dans ce sens. Des lois de symétrie ou d'invariance pour les grandeurs qui déterminent les champs (c'est-à-dire des lois relationnelles) suffisent à reconstituer les phénomènes liés à ces champs, et le nombre des "objets" conçus indépendants les uns des autres (des atomes aux particules élémentaires) s'en trouve diminué d'autant.

En ce qui concerne le *processus de la pensée*, les éléments pensés comme relevant du *sémantique* jouent peut-être un rôle purement *syntaxique* dans l'intuition créatrice (les règles de combinaisons de symboles semblent y importer plus que ces symboles)[*]. L'opposition ou la compétition, mentionnée plus haut, entre l'*intuitif* et le *formel*, parfois leur chevauchement, renvoient, dans ce sens, à l'opposition entre le sémantique et le syntaxique.

On peut voir un autre indice du caractère véritablement créateur de l'activité scientifique dans sa *directionnalité*, tout entière tendue vers le mouvement qui aboutit à mettre en place une vision propre. Il y a dans ce sens (jusqu'à un certain point, cependant), une certaine opposition entre le créateur et l'analyste. Emile Meyerson en rend bien compte dans une remarque faite à Einstein à propos de la théorie de la relativité. Dans une lettre faisant suite à la rédaction par son correspondant du compte-rendu de *La déduction relativiste*[**], Meyerson indique que leurs (rares) points de désaccord "s'expliquent principalement par le fait que vous concevez plus comme physicien qui *crée* le savoir [c'est Meyerson qui souligne] et qui, ayant fortement présent à l'esprit le stade actuel du savoir, ne peut suivre quelqu'un qui veut pousser celui-ci jusqu'au concept limite. Tandis que moi, en tant qu'épistémologue, je me vois précisément contraint de déduire l'essence des théories jusqu'à leurs dernières conséquences possibles". A quoi Meyerson ajoute: "Que je puisse, ce faisant, faire fausse route, j'en suis conscient". Einstein lui-même opposa plus tard les attitudes du chercheur et de l'"épistémologue systématique"[***], qui correspondent en quelque sorte au créateur et à l'analyste. Nuançons, cependant, l'opposition: le chercheur se fait bien souvent, par sa pensée critique des concepts, analyste, et l'analyse conceptuelle est, à son niveau, une contribution non négligeable à la recherche.

L'idée de recherche fait immédiatement percevoir le caractère instable – inachevé – de la science, dans toutes ses parties (celle, notamment où se tient le sujet individuel qui pose la question et décide de la recherche). Cette instabilité même désigne la *faille* dans le système de la connaissance qui rend possible la création, en soulignant de façon décisive que tout n'était pas donné. La dimension du sujet individuel est ici essentielle: il est le lieu de la compréhension de ce qui est connu, et plus largement de l'intelligibilité – liée à la représentation que le sujet se donne –, et dont l'exigence suscite la recherche, puisque c'est pour l'intelligibilité même de l'objet phénoménal ou propositionnel considéré que le sujet formule ses

---

[*]   Poincaré [1908b], Einstein [1945], Hadamard [1945], Jakobson [1982], Paty [1993], chap. 9.

[**]   Emile Meyerson, lettre à Albert Einstein, 20/07/1927, in Einstein [1989-1993], v. 4. Cf Meyerson [1925], Einstein [1927].

[***]   Einstein [1949]. Cf. Paty [1993], chap. 8, et [1997a].

questions. (Voir le rôle singulier de la "subjectivité", entendue dans le sens épistémique, de Descartes à Husserl, en passant par le sujet transcendantal kantien).

En ce sens, toute compréhension est, dans son vécu subjectif, création, par l'acte de transformation requis de la pensée, par l'*appropriation* de la représentation qui en résulte. La création au sens propre est, bien entendu, davantage que cela, à la fois d'un point de vue objectif (estimé par rapport à l'état des connaissances disponibles) et purement subjectif (car elle s'avance sur l'inconnu, sans la sécurité que donne le fait de simplement reproduire).

5. Envoi et Dédicace

Je dédie ces réflexions encore provisoires à Amélia Império Hamburger, que passionne depuis longtemps la question de la compréhension dans la transmission des connaissances, aussi bien que celle de la créativité et de l'imagination en sciences et aussi en art, et encore celle de l'éveil à ces questions. Depuis aussi longtemps que je la connais – et cela remonte à seize ans, en 1982, lors de mon premier retour au Brésil après seize autres années d'absence –, je l'ai vue se consacrer sans limite à *vivre* ces questions, intellectuellement et affectivement, dans son enseignement et sa relation avec ses élèves, les aidant à se lancer eux-mêmes de façon décidée sur ces chemins. Plusieurs de ces élèves sont devenus les miens, et je sais quelle impulsion décisive ils ont reçu d'elle. En rédigeant ces quelques pages, j'ai célébré aussi l'amitié.

Références

Costa, Newton da [1997]. *Logiques Classiques et Non-Classiques (Essais sur les fondements de la logique)*, Paris, Masson, 1997.

Einstein, Albert [1928]. A propos de *La déduction relativiste* de M. Emile Meyerson, *Revue Philosophique*, CV, 161-166 (1928).

Einstein, Albert [1945]. [Testimonial] in Jacques Hadamard, *An Essay on the Psychology of Invention in the Mathematical Field*, Princeton, Princeton University Press, 1945; republié sous le titre "A mathematician's mind", in Einstein [1954], p. 35-36. Trad. fr., [Lettre à Jacques Hadamard], in Hadamard [1945], éd. fr., p. 82-83.

Einstein, Albert [1946]. Autobiographisches. Autobiographical notes (1946), in Schilpp [1949], p.1-95. Trad. fr., "Eléments autobiographiques", in Einstein [1989-1993], v. 5, p. 19-54.

Einstein, Albert [1949]. "Reply to criticism. Remarks concerning the essays brought together in this cooperative volume", in Schilpp [1949], p. 663-693.

Einstein, Albert [1954]. *Ideas and Opinions*, transl. by Sonja Bergmann, Crown, New-York, 1954. Ré-éd. Laurel, New-York, 1981 [édition utilisée].

Einstein, Albert [1989-1993]. *Oeuvres Choisies*, trad. fr., Paris, Seuil/éd. du CNRS, 6 vols., 1989-1993.

Gauss, Karl et Schumacher, H.C. [1831-1846]. "Extraits de la correspondance", in Gauss et Schumacher [1831-1846].

Godard, Jean-Luc [1991]. *JLG/JLG* (film), 1991.

Hadamard, Jacques [1945]. *An Essay on the Psychology of Invention in the Mathematical Field*, Princeton (N.J.), Princeton University Press, 1945. Trad. fr. par Jaqueline

Hadamard, *Essai sur la Psychologie de l'Invention dans le Domaine Mathématique*, Paris, Gauthier-Villars, 1975.

Hilbert, David [1899]. *Grundlagen der Geometrie*, Stuttgart, Teubner, 1899. [10 éd. augm. ultérieures]. Trad. angl. par Leo Unger, *Foundations of Geometry*, 2 ème éd. angl. rev. et augm. par Paul Bernays, La Salle (Ill.), Open Court, 1971; 1980, 1988 (2ème éd.). Trad. fr. (éd. critique) par Paul Rossier, *Les Fondements de la Géométrie*, Paris, Dunod, 1972.

Holton, Gerald and Elkana, Yehuda, eds. [1982]. *Albert Einstein, Historical and Cultural Perspectives: the Centennial Symposium in Jerusalem*, Princeton, Princeton University Press, 1982.

Houzel, Christian [1989]. "L'apparition de la géométrie non euclidienne", in Boi, L., Flament, D. et Salanski, J.M., eds., *1830-1930: Un Siècle de Géométrie, de C.F. Gauss et B. Riemann à H. Poincaré et E. Cartan. Epistémologie, Histoire et Mathématiques*, [exposé au Colloque de Paris, 1989], Springer-Verlag (sous presse).

Houzel, Christian [1990]. "Histoire de la théorie des parallèles", in Rashed, Roshdi, ed., *Mathématique et Philosophie, de l'Antiquité à l'Âge Classique, Hommage à Jules Vuillemin*, Paris, Editions du C.N.R.S., 1991, p. 163-179.

Jakobson, Roman [1982]. "Einstein and the science of language", in Holton, Elkana [1982], p. 139-150. Trad. fr. par Catherine Malamoud, "Einstein et la science du langage", *Le Débat*, n° 20, 131-142, mai 1980.

Kant, Immanuel [1781, 1787]. *Critik der Reinen Vernunft*, J.F. Hartknoch, Riga, 1781; 2è éd., modifiée, 1787. Trad. fr. par Alexandre J.L. Delamarre et François Marty, "Critique de la raison pure", in Kant, Emmanuel, *Oeuvres Philosophiques*, v. 1, Paris, Gallimard, 1980, p. 705-1470.

Klein, Felix [1872]. *Considérations Comparatives sur les Recherches Géométriques Modernes. Programme Publié à l'Occasion de l'Entrée à la Faculté de Philosophie et au Sénat de l'Université d'Erlangen en 1872* (original en allemand). Trad. fr. avec add., *Annales de l'Ecole Normale Supérieure*, Paris, 1891, p. 87-102 et 172-240. Rééd. en un v., Paris, Bordas/Gauthier-Villars, 1974.

Lobachevski, Nicolai Ivanovich [1836-1838]. Novye nachala geometrii [Nouveaux principes de géométrie avec une théorie complète des parallèles], *Ucheneye zapiski Kazanskava Universiteta* [*Mémoires de l'Université de Kazan*], 1835, III, 3-48; 1836, II, 3-98; III, 3-50; 1837, I, 3-97; 1838, I, 3-124; III, 3-65].

Lobachevski, Nicolai Ivanovich [1840]. *Geometrische Untersuchungen zur Theorie der Parallelenlinien*, Berlin, F. Fincke, 1840. Trad. fr. par J. Hoüel: "Études géométriques sur la théorie des parallèles", in Lobachevski 1866, p. 9-52.

Lobachevski, Nicolai Ivanovich [1866]. *La Théorie des Parallèles*, traduit et préfacé par Jules Hoüel, Paris, 1866; ré-éd., 1900; ré-éd., Paris, Monom/Blanchard, 1980.

Mallarmé, Stéphane [1945]. *Oeuvres Complètes*, Paris, Gallimard, 1945.

Meyerson, Emile [1925]. *La Déduction Relativiste*, Paris, Payot, 1925.

Paty, Michel [1988]. *La Matière Dérobée. L'Appropriation Critique de l'Objet de la Physique Contemporaine*, Paris, Archives Contemporaines, 1988.

Paty, Michel [1993]. *Einstein Philosophe. La Physique comme Pratique Philosophique*, Paris, Presses Universitaires de France, 1993.

Paty, Michel [1996]. "Le style d'Einstein, la nature du travail scientifique et le problème de la découverte", *Revue Philosophique de Louvain*, 94(3), 447-470, 1996.

Paty, Michel [1997a]. *Albert Einstein, ou la Création Scientifique du Monde*, Paris, Belles Lettres, 1997.

Paty, Michel [1997b]. "Predicate of existence and predictivity for a theoretical object in physics", in Agazzi, Evandro, ed., *Realism and Quantum Physics*, Amsterdam, Rodopi, 1997, p. 97-130.

Paty, Michel [1997c]. "L'idée d'universalité de la science et sa critique philosophique et historique", in Luis Carlos Arboleda y Carlos Osorio, éds., *Nacionalismo e Internacionalismo en la Historia de las Ciencias y la Tecnología en America Latina, Memorias del IV Congresso Latino-Americano de Historia de las Ciencias y la Tecnología*, Universidad del Valle, Cali, Colombia, 1997, p. 57-89. Trad. en português por Pablo Ruben Mariconda: "A idéia de universalidade da ciência e sua crítica filosófica e histórica", *Discurso*, São Paulo, USP, n° 28, 1997, p. 7-60.

Paty, Michel [1998]. "L'analogie mathématique au sens de Poincaré et sa fonction en physique", in Durand-Richard, Marie-José, éd., *Le Statut de l'Analogie dans la Démarche Scientifique*, Paris, Blanchard, sous presse.

Paty, Michel [à paraître]. "A criação científica segundo Poincaré e Einstein", *Conferência para a Criação da Cátedra Mario Schenberg*, Instituto de Estudos Avançados, Universidade de São Paulo, 7 novembre 1997.

Poincaré, Henri [1889]. "La logique et l'intuition dans la science mathématique et dans l'enseignement", *L'Enseignement Mathématique* **1**, 157-162, 1889. Reprod. dans Poincaré [1913-1965], *Oeuvres*, t. 11, p. 129-133.

Poincaré, Henri [1897]. "Sur les rapports de l'analyse pure et de la physique mathématique", *Acta Mathematica* 21, 331-341, 1897; republié dans Poincaré [1991], p. 17-30. Egalement paru, avec des modifications, sous le titre "Les rapports de l'analyse et de la physique mathématique", *Revue Générale des Sciences Pures et Appliquées* **8**, 857-861, 1897; repris dans Poincaré 1905 [chapitre 5: "L'analyse et la physique"], éd. 1970, p. 103-113.

Poincaré, Henri [1905a]. *La Valeur de la Science*, Paris, Flammarion, 1905; 1970.

Poincaré, Henri [1908a]. *Science et Méthode (1908)*, Paris, Flammarion, 1908; réd., 1918.

Poincaré, Henri [1908b]. "L'invention mathématique", *Bulletin de l'Institut Général de Psychologie*, 8è année, n° 3, 175-196, 1908. [Conférence à la Société de Psychologie de Paris]. Repris in Poincaré [1908a], I, chap. 3, éd. 1918, p. 43-63.

Poincaré, Henri [1908c]. "Le choix des faits", *The Monist*, 231-232, 1909. Repris in Poincaré [1908a], Livre I, chap. 1, éd. 1918, p. 16-18.

Poincaré, Henri [1991]. *L'Analyse et la Recherche*, choix de textes et introduction de Girolamo Ramunni, Paris, Hermann, 1991.

Riemann, Bernhard [1854]. "Ueber die Hypothesen, welche der Geometrie zugrunde liegen" [Mémoire présenté le 10 juin 1854 à la Faculté Philosophique de Göttingen], *Abhandlungender königlischen Gessellschaft der Wissenschaften zu Göttingen*, v. 13, 1867; également in Riemann [1902], p. 272-287. Trad. fr. par Jules Houël, "Sur les hypothèses qui servent de fondement à la géométrie", in tr. fr. de Riemann 1876, p. 280-297 [ré-éd 1968.] et in Riemann 1898, p. 280-299.

Riemann, Bernhard [1876]. *Gesammelte Mathematische Werke und Wissenschaftlicher Nachlass*, édité par Dedekind, Richard et Weber, Leipizig, Heinrich, 1876; 2ème éd., 1892. Tr. fr.: Riemann 1898.

Riemann, Bernhard [1898]. *Oeuvres Mathématiques*, trad. fr. par L. Laugel [de Riemann 1876], avec une préface de M. Hermitte et un essai de M. Félix Klein, Paris, 1898. Nouveau tirage, Paris, 1968.

Riemann, Bernhard [1902]. *Gesammelte Mathematische Werke. Nachträge*, édité par M. Noether et W. Wirtinger, Leipzig, 1902 [Supplément à Riemann 1896.].

Rosa, João Guimarães [1994]. *Ficção Completa*, 2 vols., Rio de Janeiro, Nova Aguilar, 1994.

Schilpp, Paul-Arthur [1949]. *Albert Einstein: Philosopher-Scientist*, Open Court, Lassalle (Ill.), The Library of Living Philosophers, 1949. Ré-ed. 1970.

Tarkovski, Andréi [1967]. *Andrei Roublev* (film).

Vernant, Jean-Pierre [1965]. *Mythe et Pensée Chez les Grecs*. Paris, Maspéro, 1965. Nouv. ed. rev. et augm, Paris, La Découverte, 1985.

Um Episódio Brasileiro na Física (Anos 40): Os Pioneiros e a "Escola de Física"

Penha Maria Cardoso Dias
Instituto de Física, Universidade Federal do Rio de Janeiro

1. Reminiscências

1.1. Amelia Imperio Hamburger:
Um depoimento

Já lá se vão quase dez anos. Peguei o telefone e disse, não me lembro se com essas palavras, mas de qualquer modo esse era o sentido: "Amelia, socorro, não aguento mais, me tira daqui, me leva pra USP". O resultado foi que passei o ano de 1989 no Instituto de Física da Universidade de São Paulo e o ano de 1990 na ponte aérea.

A infraestrutura merecidamente privilegiada do Instituto de Física da USP, o apoio adicional de Ernst Wolfgang Hamburger, Sílvio Salinas, Henrique Fleming e Iuda vel Lejbman trouxe-me novo impulso; além disso, a facilidade que a USP me proporcionou para obter fontes no exterior permitiu-me desenvolver pesquisa nova. O fato é que eu sentia uma vontade muito grande de trabalhar. Talvez tivesse sido aquela árvore em frente à janela da sala que compartilhei com Amelia por quase dois anos, talvez a poesia do prédio velho, talvez a beleza da rua do Matão, talvez o bosque e a pompa do Clube dos Professores, talvez o orgulho de estar em um centro intelectualmente estimulante. Não sei. Só sei que sobre tudo isso estava a grande mentora Amelia Imperio Hamburger.

Amelia é um desses anjos do bem que agem na clandestinidade dos incompreendidos, lutando contra as forças da mediocridade. Ela pertence a uma estirpe em extinção – e da qual também me considero fazendo parte – a dos "filósofos da natureza", a daqueles que acham que ciência é, sobretudo, Filosofia da Natureza. Pioneira, nem sempre encontrou a acolhida que a outros soube dar e a mim me deu. Irreverente, inteligente, criativa, audaciosa, sensível, carinhosa, guerreira, mãezona quantos de nós que convivem e conviveram com Amelia não lhe atribuíram, alguma vez, um desses adjetivos? Amelia, por tudo, um grande beijo e muitos anos de vida!

1.2. Nosso trabalho em comum

Quando o Salinas me escreveu, pedindo uma contribuição para o volume comemorativo dos sessenta anos de Amelia, pensei em escrever algo que exprimisse minha gratidão e fosse testemunho de uma estória vivida em comum. Surgiu-me a idéia de homenagear Amelia, apresentando reminiscências do trabalho que fizemos em conjunto, durante minha passagem pela USP, de doce memória.

Ernst convidou-me para preparar uma exposição sobre a descoberta dos "chuveiros penetrantes", cujo cinqüentenário, em 1990, ele pretendia comemorar com um simpósio na USP. Essa descoberta foi feita em São Paulo, em 1940, por Gleb Wataghin, Marcello Damy de Sousa Santos e Paulus Aulus Pompéia.

Preparei um roteiro que serviu de base a uma série de 26 painéis de uma exposição didática, itinerante, cujo objetivo é contar a história dos *chuveiros penetrantes* a um público mais amplo. O material do roteiro é mais extenso do que o dos painéis e, inicialmente, pensei em publicá-lo na íntegra, aqui; revendo meus alfarrábios, contudo, o volume de páginas em muito excederia o que me foi concedido, além de que seria necessária uma editoração que, no momento, não poderia fazer. Optei, portanto, por enfatizar a participação de Amelia na feitura da exposição e homenagear sua figura, através da figura dos pioneiros da Física no Brasil, ela mesma uma pioneira na pesquisa em ensino de Física e na defesa da importância do estudo dos fundamentos da Física.

1.3. A exposição dos "chuveiros penetrantes": sua feitura

A exposição dos *chuveiros penetrantes* tem a intenção de mostrar:

(1) O significado conceitual dos *chuveiros penetrantes*, o que é feito situando o fenômeno no contexto da investigação da radiação cósmica e mostrando sua importância no estabelecimento do caráter particulado da Natureza;

(2) O papel de Gleb Wataghin e de Giuseppe Occhialini na criação de uma "Escola de Física", no Brasil;

(3) O que era fazer Física no início dos anos 40 e como aqueles pioneiros construíram um problema de pesquisa;

(4) A importância da descoberta dos *chuveiros penetrantes*, no estabelecimento ou consolidação da pesquisa em Física e da pesquisa tecnológica, no Brasil.

Amelia participou ativamente do projeto. Juntas, fizemos o trabalho (literalmente) sujo. Lembro-me do dia em que fomos a um "depósito de papel velho" (em princípio é um arquivo) da USP, que fica em uma cabana no alto de um morro, perto de onde, dizia o boato de ocasião, jazia um lixo provavelmente contaminado de radiação. Procurávamos, se não me falha a memória, fotos da época dos *chuveiros penetrantes*, que Damy deixou esquecidas na gaveta de sua mesa, na pressa com que teve de se proteger das forças da ignorância. Achamos alguns históricos escolares (da época? não me lembro), saímos sujas e não há sinal de termos sido irradiadas. Mas houve trabalho limpo. Suas várias idéias, que foram incorporadas ao trabalho, sua capacidade judiciosa nas vezes em que eu e Ernst divergimos sobre a conceitualização do trabalho, sua ajuda na procura de fontes. Sem Amelia, teriam sido impossíveis as entrevistas com Oscar Sala, Damy, Pompéia e Lattes, as quais ela conduziu com a singelidade que todos nela conhecemos. Lembro-me da agradável tarde em Cotia, com Pompéia, sua esposa e sua filha; da tarde na casa de Damy e de nosso maravilhamento diante da aula de Física que ele – *noblesse obligée!* – elegantemente nos proporcionou. Lembro-me daquele dia nublado de fim de inverno, no Rio de Janeiro, em que almoçamos com Lattes e sua esposa e depois fomos ao CBPF para gravar a entrevista. Do escritório do Sala, na USP, onde, cavalheirescamente, nos recebeu.

O plano é publicar essas entrevistas em uma edição comentada. Talvez por estarem falando com físicos, os entrevistados muitas vezes entraram em detalhes técnicos e forneceram rico material para um estudo mais detalhado da descoberta dos *chuveiros penetrantes* e do "pensamento físico" da época. Além disso, por Amelia ter sido aluna e ter privado do convívio daqueles mestres, existiu um clima de cumplicidade e mais descontração dos entrevistados. Assim sendo, seria um trabalho de grande ajuda para a história da Física no Brasil.

Volto, agora, ao plano deste trabalho. Vou situar os *chuveiros penetrantes* no contexto da História da Física. É um trabalho catalográfico, advindo do objetivo primeiro das notas, que era de servir de base para os painéis da exposição; além disso, o objetivo dos painéis não poderia ser uma análise histórica das descobertas e não poderia almejar mais do que uma cronologia de problemas e suas soluções. Depois, apresento alguns trechos das entrevistas. Esses foram os trechos inicialmente selecionados no roteiro. Entretanto, o volume de texto ficou grande demais para um trabalho que exigia forte apelo visual e alguma dose de apreensão imediata de informação. Assim, o texto foi imensamente reduzido para inclusão nos painéis. A razão de sua reprodução, aqui, é minha homenagem pessoal a Amelia. Inicialmente, estamos tratando de pioneiros e Amelia, como já disse, é, ela mesma, moldada na forja dos que deixaram marcas. Depois, sem Amelia será impossível a publicação dessas entrevistas e espero que ao ler essas reminiscências o sonho do velho projeto seja avivado.

2. O Lugar dos "Chuveiros Penetrantes" na Cronologia da Física

2.1. O começo do começo: de quê é feito o mundo?

Há muitos milênios, o homem perguntou-se qual era o "recheio" do mundo, o "de quê" era a natureza feita.

Nossos antepassados jônios, nos séculos VI e V AC, diziam que só a *matéria* poderia ter o "status" de *existente* e que, portanto, a Natureza deveria ser entendida a partir de uma *substância única e de suas propriedades*, seco x úmido; duro x mole; quente x frio; por exemplo, ou o mundo seria formado de *água* (Tales de Mileto) ou de *ar* (Anaxímenes) ou de *fogo* (Heráclito).

Mas, tentativas como essas, que se fundamentam em um princípio único, chamadas, pois, de *monistas*, esbarram na dificuldade de explicar propriedades antitéticas, tais como o *calor* e sua antítese, o *frio*, a partir de uma substância que contivesse só uma delas. Uma saída engenhosa foi imaginar um tipo de monismo mitigado ou pluralismo mitigado (como se queira): Em vez de postular uma única substância, a matéria é, agora, constituída por uma pluralidade de elementos muito pequenos (logo, *invisíveis*) que se movimentam, sendo capazes, pois, de se aproximarem uns dos outros, quando, então, se agrupam para formar blocos maiores de matéria; esses elementos preservam suas identidades, na medida em que cada um é *um todo indivisível* – um *plenum* (o que é a herança monista da idéia). Os gregos inventaram, assim, os *á-tomos*, isto é a *totalidade indivisível*, a partir da qual as propriedades e fenômenos da natureza seriam explicados; por exemplo, nos atomismos em que os átomos não fossem postulados iguais:

- Corpo mole: formado por átomos espaçados;
- Corpo duro: formado por átomos bem empacotados;
- Sabor doce: formado por átomos lisos;
- Sabores amargo e azedo: causado por átomos em forma de gancho ou pontudos que "rasgam" o corpo no qual se movem;
- Luz: causada por átomos que se movem rapidamente;
- Cores: são devidas à disposição dos átomos nas superfícies dos corpos, o que causa diferentes modos de reflexão da luz que incide sobre eles.

A resposta de que o mundo era formado por partículas diminutas, invisíveis e indivisíveis foi formulada por Demócrito (século V-IV AC), que a teria herdado de Leucipo (século V AC, se é que esse personagem existiu), e divulgada por Lucrécio (século I AC), em seu poema clássico, *De Rerum Natura*.

Brilhante, contudo, que a idéia do átomo pudesse ter sido, ela era difícil de ser aceita:

(i) A idéia de partículas que se movem gera a pergunta de *onde* se movem. É claro que os constituintes mais fundamentais da matéria só podem mover-se sobre o espaço vazio e a idéia de átomo é, assim, inerente à idéia de *vácuo*. Ora, como conceber o *nada*, se o que existe é a *matéria*, como queriam os jônios? A idéia do átomo passou, assim, a exigir a descoberta de modos diferentes de *ser*. Afinal, nossas categorias matemáticas, bem como os unicórnios e nossos sonhos não precisam existir do mesmo modo como o mundo da experiência empírica existe; além disso, precisavam, ainda, distinguir a diferença entre *ser* e *estar*, entre os sentidos predicativo e existencial do verbo *ser*.

(ii) A aceitação do vácuo esteve associada à possibilidade de conceber o movimento no vácuo. Neste contexto, cita-se:

– Os gregos não fizeram uma distinção entre a descrição ou definição do movimento (*cinemática*) e as causas do movimento (*dinâmica*), o que só seria feito no século XIV da Era Cristã. Assim, a concepção do movimento exigia algo que empurrasse ou puxasse o corpo movente; por exemplo, corpos arremessados continuariam a mover-se, após terem-se separado da mão que os arremessou, empurrados pelo *ar* e, portanto, não poderia haver movimento no espaço vazio, livre de ar.

– No pensamento grego, que passou à Idade Média Latina, o movimento no vácuo teria uma velocidade infinita (logo, seria instantâneo), devido à ausência de matéria. Tomás de Aquino (século XIII DC), o Santo, foi um dos primeiros a conceber o movimento em um espaço geométrico; disse ele que para haver movimento em tempo finito era suficiente haver uma distância finita a ser percorrida, não havendo necessidade da matéria.

Os Pioneiros e a "Escola de Física"

Tabela 1. Os elementos de Dalton. A idéia de uma natureza particulada parece, pois, ter precisado, ao longo da História, que outros problemas fossem resolvidos e só no começo do século XX estaria a humanidade preparada para conceber o modelo do átomo, hoje aceito, atribuído a Ernest Rutherford. Esse modelo resultou de uma linha de investigação que começou com a descoberta dos *raios catódicos* e das radiações α, β e γ.

1869	Dmitry Mendeleyev	Tabela Periódica Classifica os elementos de Dalton, em ordem crescente dos pesos atômicos
desde 1850	Henrich Geissler, Julius Plücker e William Crookes	Descoberta dos raios catódicos
1895	Wilhelm Röntgen	Descoberta dos raios-X nos raios catódicos.
1897	Joseph John Thomson	Descoberta do elétron, medida de carga/massa, usando raios catódicos
1898	Henri Becquerel	Descobre que alguns materiais fluorescentes – os formados de urânio – emitiam radiações capazes de revelar chapas fotográficas
1898	Marie Sklodowska Curie e Pierre Curie	Descobrem dois elementos radiativos: polônio e rádio. Investigavam se urânio era única substância que emite "raios"
1899	Ernest Rutherford	Descobre que há dois tipos de radiação: alfa e beta
1900	Paul Villard	Descobre a radiação gama, mais penetrante
1902	Frederick Soddy e Rutherford	Transmutação dos elementos
1902	Rutherford	A radiação alfa é formada por partículas de carga +
1903	Soddy	Isola, purifica e analisa "emanação" do rádio. Inicialmente, não mostra presença de hélio; mas linhas espectrais do hélio aparecem após alguns dias
1910	Rutherford	Modelo atômico. Partículas alfa bombardeiam folha de ouro e são desviadas para trás; isso só é possível se os átomos possuirem carga + concentrada
1920	Rutherford	Hipótese do nêutron. Explicaria a massa do núcleo do átomo, que é muito maior do que a soma das massas dos prótons
1932	James Chadwick	Descoberta do nêutron

Apesar dessas dificuldades, a idéia da matéria particulada nunca desapareceu por completo e, vez ou outra, ressurgiu, ainda que em contextos diferentes e com diferentes propósitos:

(i) Ainda na Antigüidade Helênica, Filo de Bizâncio (século III AC) e seu seguidor, Hero de Alexandria (século I AC) entenderam que a expansão e a contração do ar só seriam possíveis, se o ar fosse constituído de átomos entre as quais houvesse espaços vazios. Esses autores foram muito além em suas idéias e até propuseram uma série de experimentos termo-pneumáticos como *prova empírica* da existência do vácuo.

(ii) Descartes (1596-1650), embora não aceitasse o vácuo, imaginou que as propriedades físicas do mundo resultariam do movimento e da forma de partículas e não dispensou a "matéria mais sutil".

(iii) A Teoria do Calor, no final do século XVIII e início do século XIX, inventou um fluido sutil e penetrante – o calórico – e, quando o abandonou, ainda na primeira metade do século XIX, acabou por abraçar, algumas décadas depois, a idéia de *átomo*, antes mesmo que a Física fosse capaz de produzir evidências empíricas, consensuais de sua existência. É, pois, possível que os sucessos da Teoria do Calor tivessem servido de indicação de que a hipótese atômica devesse ser considerada seriamente e levada às últimas conseqüências. Mas é, também, possível que grande motivação tenha vindo de John Dalton (1766-1844) que, na primeira década do século XIX, investigou o peso atômico dos elementos, em uma feliz extensão do atomismo às propriedades químicas.

2.2. A mensagem cósmica

Mas se, por volta de 1930, o átomo, com seus *elétrons* e seu *núcleo* e o núcleo, com seus *prótons* e seus *nêutrons*, eram conhecidos, as décadas que se seguiram reservaram surpresas, pois *novas partículas foram descobertas, cujas existências não haviam sido preditas e para as quais não havia, até então, nenhuma função óbvia a cumprir – tão somente existiam!* A mensagem, literalmente, caiu do céu, pois foram os *raios cósmicos*, conhecidos desde o século XIX, que proveram o *laboratório natural*, onde as novas partículas seriam descobertas. O que se seguiu foi um novo ramo da Física – a Física de Partículas.

Passos importantes na investigação da radiação cósmica que levaram ao estabelecimento da Física de Partículas foram as descobertas do *múon*, em 1937, por Carl D. Anderson, do *píon*, em 1947, por Cesare Mansueto Lattes, Giuseppe Occhialini e Cecil Powell e a descoberta das *partículas V*, em 1947, por George D. Rochester e Clifford C. Butler. Essas partículas – as primeiras de uma família de partículas chamadas *estranhas* – foram descobertas no decurso de uma investigação sobre a natureza da radiação primária dos *chuveiros penetrantes*, que haviam sido descobertos por Gleb Wataghin, Marcello Damy de Sousa Santos (1914) e Paulus Aulus Pompéia (1911-1994), em 1940, na USP, São Paulo, Brasil (Tabela 2).

Tabela 2. Genealogia dos raios cósmicos.

Evento	Data	Significado
Raios Cósmicos	Até 1926	Painéis 1, 2
		Exploração dos raios cósmicos: painéis 3 a 8
Partículas Conhecidas	Até 1932	Átomo: núcleo (prótons (p^+) e nêutrons (n)) e Elétrons (e^-).
		Fóton: explica o efeito fotoelétrico (emissão de elétrons de metais por luz incidente).
		Neutrino (v): Explica a conservação de energia na emissão de elétrons pelo núcleo atômico (desintegração beta)
Pósitron (e^+)	1932	Painel 9
		Predito por Dirac, como conseqüência de sua equação para os elétrons. A descoberta foi independente da predição teórica
Chuveiros em cascata	1932	Painel 10
Múon (μ)	1937	Painel 12
ou		Explica a força entre prótons e
Mésotron		nêutrons, dentro do núcleo (massa entre a do próton e a do elétron). Predito teoricamente por Yukawa, em 1935
Chuveiros aéreos extensos	1937	Painel 13
Chuveiros penetrantes	1940	Painéis 14, 15 e 16
		Produção múltipla de partículas em reações nucleares
		Que partículas são essas?
O Múon não explica a força nuclear: para o quê serve, então?	1945	O mésot(r)on predito por Yukawa deveria ter vida curta e ser rapidamente absorvido pela matéria. O múon negativo (μ^-) tem vida relativamente longa e pode atravessar a matéria, sofrendo pouca absorção; não pode, pois, ser a partícula de Yukawa
Píon (π) ou Méson-π	1947	Powell, Occhialini e Lattes descobrem o píon. Mostram que é o méson de Yukawa
Partículas estranhas: a que vieram?	1947	Painel 17
		As partículas "V" foram as primeiras de uma família de partículas chamadas estranhas (têm vida média "estranhamente" longa). Sua existência parecia inexplicável para as teorias da época
Genealogia dos Raios Cósmicos	desde anos 50	Painel 18
		Ver Figura 2
A natureza particulada	desde anos 50	Painéis 20 e 21.
		A Física de partículas adquire métodos téoricos e experimentais próprios.
		Desenvolve-se independentemente da Física de Raios Cósmicos e da Física Nuclear

3. Os Pioneiros

3.1. Gleb Wataghin (1899-1986):
Homem de saber

Wataghin era, fundamentalmente, um físico teórico [...], jovem, de muito sucesso, de uma Escola muito boa, havia ganho, inclusive, um prêmio da Academia do Vaticano, com um resumo, um texto fantástico, que havia escrito sobre a Mecânica Quântica da época, que era uma coisa ininteligível. Era um físico muito bom, mas não era um físico experimental. Mas ele tinha uma qualidade que poucos físicos teóricos têm [...]: ele sabia que a Física é uma ciência natural e que toda teoria tem de ser baseada na experiência e que muitas vezes uma linda teoria é derrubada por um experimento (Damy, 1990).

3.2. Giuseppe Occhialini (1905-1993):
Artesão de uma época

Tivemos a sorte de ter no Brasil um físico que havia trabalhado no maior laboratório do mundo [Cambridge], nos problemas mais importantes da época e participado de uma descoberta fundamental [a produção de pares elétron-pósitron]

[...]

Quando chegou, trouxe essa tecnologia experimental toda, que foi, realmente, um passo decisivo que nos levou a encarar a Física Experimental de um modo diferente (Damy, 1990).

4. A Escola: Av. Brigadeiro Luís Antonio, 784, São Paulo

O que era uma das coisas mais importantes é que existia um ambiente excepcionalmente bom, um ambiente onde as pessoas estavam trabalhando nos seus problemas (a gente se encontrava, evidentemente, diariamente), mas havia um grande interesse em saber o que o outro estava fazendo, contar seus resultados, discutir; então, havia uma discussão muito intensa sobre Física [...]. O grande sucesso da Física no Brasil foi o Wataghin ter montado esse tipo de ambiente (Sala, 1990).

Os que tinham mais tendência, assim, para abstrações acabaram-se reunindo em torno do Wataghin e do Schönberg e passaram a constituir um grupo teórico. Quem gostava da parte experimental reuniu-se em torno de Occhialini e, depois, de mim. E, assim, se formaram, então, os dois grupos [...]. Se o Occhialini não tivesse vindo, provavelmente todo mundo só faria Física de lápis e papel (Damy, 1990).

5. A Arte da Física Experimental (Anos 30-40)

5.1. A formação de um físico experimental: Homem de sete instrumentos

Na época, o físico fazia seus aparelhos [...]. Ou o indivíduo fazia seus aparelhos ou não tinha vez (Damy, 1990).

A vida de estudante era diferente da atual: hoje, eles gostam de apertar botão de computador e a gente tinha de enrolar transformador, fabricar capacitor de alta tensão, que não existia na praça, enfim, tínhamos que fazer muita coisa (Sala, 1990).

5.2. A Herança de uma época

O que torna um físico experimental proeminente é sua capacidade de saber, suficientemente, essas técnicas para usá-las na medida de suas necessidades e de conhecer da Física Teórica os problemas que são importantes e que merecem ser estudados (Damy, 1990).

A idéia da pesquisa Física é a de poder imaginar uma experiência e imaginar os meios de realizá-la (Damy, 1990).

5.3. A dura vida no laboratório: Construindo contadores

Naquele tempo, não se conheciam os contadores "self-quenching", que usam um gás nobre e um vapor orgânico. O material de enchimento que se utilizava era o ar seco. O contador era constituído por um cilindro condutor, [...] latão [...], com duas tampas torneadas de ebonite e um fio de tungstênio, estendido no seu interior, fio muito fino da ordem de $1/10$ mm [...]. O contador era cheio com ar seco e, em série com o fio do condutor, ligava-se uma resistência [...] que tinha de ter um valor muito elevado, da ordem de 10^8 a 10^9 Ohms. Essas resistências não existiam comercialmente e eram construídas em capilares de vidro e cheias com uma mistura de álcool absoluto e xilol ou, então, de álcool absoluto e ácido pícrico [...]. Montava-se o contador, tinha-se um impulso de fração de Volts, que era ampliado por válvulas [...]. Esses contadores eram extremamente sensíveis à umidade [...]. A umidade do ar, com freqüência, estava em torno da saturação. Isso tornava a pesquisa difícil e era necessário manter-se controle rigoroso da umidade, com auxílio de um higrômetro e aquecer o terminal do contador com um soprador de cabelo [...]. O impulso desses contadores era muito pequeno, os contadores tinham patamares da ordem de 30 V. A tensão era obtida por bateria, porque não havia válvulas nem sistema de retificação que permitisse obter potenciais dessa ordem, por meio de transformadores; e a tensão da light, naquela época, variava por 10-20%, tranqüilamente, o que tornaria impossível o uso de um sistema retificador. Em primeiro lugar, não existiam válvulas para esse fim mas, ainda que existissem, não existiam, ainda, circuitos de estabilização de tensão e os patamares dos contadores oscilavam entre 30-50 V. Um contador de 50 V era excepcional. Então, o problema fundamental que nós tínhamos, nas medidas, era de manter esses potenciais constantes, fazendo a medida, sempre, com método potenciométrico e procurando corrigir os efeitos da tensão da bateria em função da temperatura e da umidade. A parte eletrônica era muito curiosa, porque a tecnologia que o Wataghin trouxe da Itália e que, depois, foi reforçada pelo Occhialini – e isso causou grandes atritos comigo – é que eles achavam que os contatos de uma válvula deviam ser feitos através de parafusos e porcas. Então, montava-se a válvula e a válvula tinha um soquete com parafusinhos, dali a gente punha um fio e apertava naquela porca [...]. Agora, todos os outros contatos para capacitor, resistência, etc., tinham que ser feitos com parafusos e porcas [...]. Para convencê-los que podia usar solda foi um problema [...]. Um problema sério que nós tínhamos era o de enchermos os contadores com ar seco, pois para isso precisávamos fazer um vácuo bom; Wataghin comprou, na Alemanha, um sistema de bombas rotativas com bombas de difusão a óleo: montei esse sistema de vácuo, aquecia os contadores em alto vácuo, depois os enchia com ar seco e, com isso, a gente ficava livre da umidade interna e eles puderam trabalhar bem (Damy, 1990).

6. A Descoberta de Wataghin-Damy-Pompéia Revisitada

6.1. A escolha de um problema de pesquisa

O grande mérito de Wataghin, o sucesso que teve de criar uma Escola de Física no Brasil, derivou de sua visão do que era a Física no momento (1934) e quais eram os problemas mais importantes que poderiam ser resolvidos em Física Fundamental com recursos pequenos. O campo mais promissor era o da radiação cósmica, porque era assunto que estava começando a se desenvolver, que havia sido estudado com métodos mais ou menos precários, que era o método das câmaras de ionização e só poucos anos antes [...] uns cinco ou seis [...] é que se havia iniciado a investigação da natureza dos fenômenos que eram responsáveis pela radiação cósmica, por meio de contadores (Damy, 1990).

6.2. A construção de um problema de pesquisa

6.2.1. Estudo do efeito latitude

Os primeiros experimentos foram feitos no laboratório para avaliar a intensidade da radiação cósmica em São Paulo. Trabalhávamos na Escola Politécnica, que está, praticamente, sobre o equador [magnético] que passa pela rua Três Rios, pela Ponte Tietê. Já se sabia de experiências com o chamado efeito de latitude, que o campo magnético terrestre produzia deflexões nos raios cósmicos (Damy, 1990).

6.2.2. Estudo da componente "dura" [penetrante] da radiação

1937-1938: Absorção da radiação penetrante abaixo da Mina de Morro Velho (1200 m) – equivalente a 200 m e 400 m de água.

6.2.3. Estudo do "shower" de Auger

1938-1940: Na época, a gente sabia, por uma série de experimentos de Câmara de Wilson, que vinham desde 1938 (sobretudo os trabalhos de Auger e [...] que haviam descoberto os *showers* extensos), que havia alguns fenômenos que eram inexplicáveis. Um deles era o seguinte: quando se descobriu o fenômeno do *shower* extenso na Terra, [isto é, no Laboratório] [...] era de se imaginar que, como isso vinha de interação de uma partícula com um núcleo de chumbo que se encontrava na lâmina da câmara, que o mesmo fenômeno [...] ocorresse, quando a radiação primária encontra o alto da atmosfera e produz, então, aquela radiação penetrante que não sabíamos que era de origem extra-terrestre. Experiências de balão, feitas com Câmara de Wilson [...] haviam mostrado que, no alto da atmosfera, nós encontramos associado a essa radiação mole [pares elétron-pósitron, fótons] [...] numa mesma fotografia, várias partículas penetrantes. Então, o problema que se punha era o de saber se essas partículas penetrantes seriam produzidas num campo nuclear por um mecanismo análogo ao da produção de pares [...]. Mas, nas experiências de *showers* [...] extensos, Auger e seus colaboradores haviam mostrado que havia, às vezes, associado com os *showers* extensos (admitia-se que eram *showers* só de elétrons e fótons) [...] partículas penetrantes. A idéia que se teve [...] foi de estudar se essas partículas eram simultâneas ou não, [...] em primeiro lugar, se existia mais do que uma. Auger havia observado que existiam partículas isoladas. Nós, extrapolando de Câmara de Wilson, achávamos que devia existir mais do que uma. E interessava ver se eram produzidas em um processo único ou se eram fruto de colisões sucessivas e emissões diferentes. Para isso foi feito esse circuito de sete coincidências e baterias de contadores (Damy, 1990).

6.2.4. Melhorando o "poder-separador" de dois eventos

Agora, nessa ocasião, eu tive a sorte de descobrir um avanço na tecnologia de deteção, que foi importante. Os sistemas de detetores, que usavam contadores comuns, usavam uma simples resistência para extinção. Com isso, o tempo de descarga do contador era lento e seu tempo morto, grande. Em conseqüência, o poder separador máximo que se conseguia em tempo entre dois eventos era de 10^{-4} s Tudo o que ocorria abaixo de 10^{-4} s era considerado instantâneo e simultâneo. Eu consegui um fator 100 nisso e introduzi um multivibrador que interrompia a descarga do contador Geiger. Com isso, então, nós passamos a ter poder de separadores que em lugar de 10^{-4} s era de 10^{-6}, chegando a 10^{-7} s e eu cheguei a atingir 3×10^{-8} s para contadores pequenos, para Física Nuclear. Já para raios cósmicos, com a capacidade do contador, o limite era em torno de 10^{-6} s Mas isso representou uma melhoria considerável das possibilidades experimentais [...]: o "background" de coincidências casuais era zero. Em conseqüência, abriu-se a possibilidade de estudar fenômenos que eram extremamente raros. Mas, veja bem que toda essa tecnologia foi desenvolvida para estudar esses fenômenos que se sabia que eram raros (Damy, 1990).

6.2.5. Os três trabalhos clássicos

Wataghin iniciou essas pesquisas, aqui, com o Prof. Pompéia, no período em que fiquei fora do laboratório, na Inglaterra, [...]. Eu trouxe todo o equipamento de Cambridge.

[...]

Esse equipamento foi usado nas pesquisas que foram feitas com Wataghin e Pompéia e, como é notório, fomos os primeiros a descobrir, numa série de trabalhos, que existe partículas penetrantes simultâneas que tinham o poder de penetração de mais de 50 cm de chumbo. Ora, sabia-se que um elétron, mesmo de energia infinita, não atravessa mais do que 10 cm de chumbo. Então, essas partículas eram partículas penetrantes e sabia-se, também, que não eram prótons, porque o número de prótons havia sido identificado [...] e mostrou-se que era fração desprezível da intensidade da radiação cósmica [...]. O que nos levou à conclusão de que essas partículas penetrantes não eram prótons, mais que isso, que eram produzidas por interação do primário no alto da atmosfera. Isso causou revolução no conhecimento da radiação cósmica [...]. Na ocasião [do livro do Heisenberg sobre radiação cósmica, 1942], existia uma controvérsia. Quando se descobriu a radiação penetrante e o méson de Anderson, o méson do Anderson apareceu no meio de um *shower* [...]. Fizeram medidas em função da altitude em balão e observaram que o número de mésons que observa a Câmara de Wilson aumentava com a intensidade da radiação cósmica mole. Então, acharam que o méson era produzido pela radiação cósmica mole. Seria um fenômeno como o da produção de um par [...]. Nós não conhecíamos essa experiência [...]. Tivemos uma idéia de estudar se esse número de *showers* penetrantes acompanha a radiação mole ou se acompanha a radiação dura. E a experiência que foi feita foi a seguinte. Nós medimos o número de *showers* penetrantes no nível do laboratório, quer dizer, no nível da cidade de São Paulo, 800 m. Mas, na ocasião, estavam fazendo o túnel da Nove de Julho. Então, nós montamos a aparelhagem e medimos os *showers* perto do túnel da Nove de Julho, que tem o equivalente de 30 m de terra, isso corresponde a 50 m de água. A gente sabe que a 50 m de água toda a radiação mole é absorvida, só a penetrante é que penetra [...]. O número de *showers* penetrantes acompanhava a absorção da radiação penetrante e não da mole [...]. O que mostrava que a radiação penetrante era esse processo e que nós medíamos mésons simultaneamente [...]. Nós só falamos em mésons no último trabalho publicado [...], nos outros nós falamos partículas penetrantes [...]. Isso, porque o Wataghin não acreditava muito que mésons existissem em pares, só se conhecia méson de uma carga. Eu tinha vindo da Inglaterra e lá todo mundo acreditava piamente em mésons e se tinha uma série de dados experimentais de modo que eu acreditava em méson, o Occhialini acreditava em méson, mas o Wataghin ainda tinha dúvida que as partículas penetrantes fossem só mésons, então só depois de muito convencimento e pela experiência, como resultado de interpretação de nossas experiências, é que ele se convenceu e então se falou em méson no último trabalho [...] (Damy, 1990).

Referências

Close, F., Marten, M. and Sutton, C., *The Particle Explosion*, Oxford, 1987.

Foster, B. and Fowler, P.H., eds., *40 Years of Particle Physics*, Bristol and Philadelphia, 1988.

Guthrie, W.K.C., *The Greek Philosophers (from Thales to Aristotle)*, London, 1950, 1956, 1962, 1967.

Halliday, D., *Introductory Nuclear Physics*, New York, 1950.

Heisenberg, W., ed., *Cosmic Radiation*, traduzido por T.H. Johnson, New York, 1946.

Jánossy, L., *Cosmic Rays*, Oxford, 1948.

Jánossy, L., *Cosmic Rays and Nuclear Physics*, London, 1948.

Keller, A., *The Infancy of Atomic Physics: Hercules in his cradle*, Oxford, 1983.

Moses, A., Gross, B. and Costa Ribeiro, J., eds., *"Symposium" sobre Raios Cósmicos*, Rio de Janeiro, Imprensa Nacional, 1943.

Peyrou, C., "The Role of Cosmic Rays in the Development of Particle Physics", in: Salmeron, R., ed., *Colloque International sur l'Historie de la Physique des Particules, Journal de Physique*, tome 43, 1982.

Richtmyer, F.K. and Kennard, E.H., *Introduction to Modern Physics*, New York, 1947.

Rochester, G.D. and Wilson, J.G., *Cloud Chamber Photographs of the Cosmic Radiation*, London, 1952.

Rossi, B., *Cosmic Rays*, New York, 1964.

O Longo Caminho Para um Mundo Livre de Armas Atômicas

F. de Souza Barros[a] e L. Pinguelli Rosa[b]

[a]Instituto de Física, Universidade Federal do Rio de Janeiro
[b]COPPE, Universidade Federal do Rio de Janeiro

1. Introdução

Não poderia ser mais oportuno para esses autores do que contribuir com um texto sobre o desarmamento nuclear na celebração dos 65 anos de Amélia Império Hamburger. No início da década de 1980, no âmbito da SBPC, trabalhamos com Amélia Hamburger numa comissão que tentava desvendar os propósitos e as dimensões do então recém descoberto "programa nuclear paralelo" da Marinha Brasileira. Na época, dentro da nossa modesta escala terceiro-mundista, estávamos preocupados com instalações nucleares da Argentina e do Brasil para enriquecimento de urânio e que operariam sem qualquer sistema de salvaguardas contra armas nucleares. Eram projetos que poderiam iniciar uma corrida armamentista nuclear no nosso continente. Desde então, ocorreram grandes progressos no controle civil desses projetos. Os dois países homologaram em novembro de 1990 o Tratado de Tlatelolco Contra Armas Nucleares na América Latina, eliminando-se do seu texto o conceito de utilização pacífica de bombas atômicas e criando um sistema efetivo de salvaguardas de âmbito continental. Em 1992, Argentina e Brasil estabeleceram um sistema de inspeções mútuas de todas as suas instalações nucleares, militares e civis, criando para este fim a Agência Argentina-Brasil para Contabilidade e Controle de Materiais Nucleares (ABACC) com sede no Rio de Janeiro. ABACC começou suas inspeções em 1993, tendo recebido no mesmo ano o reconhecimento internacional após assinatura de um acordo de inspeção suplementar entre os dois países, a própria ABACC e a Agência Internacional de Energia Atômica, AIEA. Em 1995, a Argentina assinou o Tratado de Não-Proliferação de Armas Nucleares (TNP), também endossado pelo Brasil em junho do corrente ano.

Atualmente, nossas preocupações têm uma escala mundial. Nossa atenção se volta para negociações e iniciativas internacionais para o desarmamento nuclear global. Necessitamos agora avaliar os efeitos das iniciativas de países nuclearizados como os EEUU e França sobre tais processos. Este relatório apresenta os aspectos técnicos relevantes das questões de desarmamento nuclear e as iniciativas que têm sido consideradas para fortalecer a campanha para um mundo livre dessas armas. Professores e educadores de ciências têm um papel relevante nessa campanha: se pretendemos que o desarmamento nuclear se torne realidade, e não permaneça uma utopia, necessitamos proporcionar aos nossos estudantes as informações que lhes permitam apreciar o significado de um mundo livre de armas nucleares, as questões que afetam esse objetivo e os passos essenciais para atingi-lo.

2. Onde são tratadas as questões nucleares?

As balizas atuais que sinalizam o roteiro para o desarmamento nuclear são: o Tratado de Não-Proliferação de Armas Nucleares (TNP); o Tratado para A Eliminação de Testes Nucleares (TET); os tratados entre as grandes potências nuclearizadas, EEUU e Rússia, para redução de seus arsenais nucleares; os tratados regionais para implementação de zonas livres de armas nucleares, principalmente os que já estão em vigor, o Tratado de Tlatelolco da América Latina e o Tratado de Rarotonga das nações do Pacífico Sul; e as campanhas para a Convenção de Armas Nucleares (CAN).

O grande fórum para discussão dessas questões no âmbito das Nações Unidas é a Conferência para o Desarmamento, um fórum permanente com sede em Genebra. A Agência Internacional de Energia Atômica, AIEA, criada originalmente para o programa dos "átomos para paz" para difundir a utilização industrial da energia atômica, e implementar o TNP, está se transformando cada vez mais em um órgão para implementar medidas preventivas definidas pelo Conselho de Segurança das Nações Unidas, com base na experiência de 27 anos do TNP. É importante registrar neste contexto que as Nações Unidas ampliaram a área de atuação do Conselho de Segurança junto aos países não-signatários do TNP.

Uma campanha para abolição de armas nucleares está aumentando de ímpeto com a chegada do próximo milênio. Trata-se de uma iniciativa internacional de centenas de organizações não-governamentais (ONG's), com sede principalmente na Europa e EEUU, para o estabelecimento da Convenção de Armas Nucleares, CAN, que substituiria o próprio TNP.

As principais resistências às iniciativas para o desarmamento nuclear vêm obviamente de países nuclearizados, principalmente nos EEUU e França. Esses países exercem uma enorme influência na Conferência de Desarmamento e determinam o ritmo das negociações. Além disso, os EEUU iniciaram um programa para preservação indefinida, por técnicas avançadas, de seu arsenal nuclear, o que desestabiliza atualmente o processo de eliminação dessas armas. Esta iniciativa está sendo considerada por outros países nuclearizados, notadamente a França. Por esta razão, nesses países, as campanhas para o desarmamento nuclear são muito mais polarizantes. Mas não são apenas as ONG's que desejam o desarmamento nuclear, a campanha cresce entre círculos bem próximos aos governamentais; são ex-ministros, militares e estrategistas que atuaram durante a Guerra Fria que reconhecem agora publicamente que as armas nucleares serão um estorvo no próximo milênio.

3. Os tratados nucleares

3.1. O TNP

O Tratado de Não-Proliferação data de 1970. Foi montado em plena Guerra Fria para inibir a difusão de armas nucleares, colocando em posição privilegiada aqueles países que, na época, já as possuíam, pois legitimou a posse dessas armas pelos EEUU, União Soviética (atualmente Rússia), Inglaterra, França e China. O TNP foi concebido para ser operativo por um período de 25 anos, podendo ser renovado, como o foi, em 1995. A crítica central ao TNP é que é discriminatório *de-jure*, porque legitima a divisão do mundo em nações nuclearizadas e não nuclearizadas, impondo medidas de controle bem severas nessas últimas enquanto não define claramente quais as obrigações das nações oficialmente possuidoras de arsenais nucleares. O TNP afirma apenas que essas últimas nações devem eventualmente eliminar seus arsenais nucleares.

O TNP é *de facto* ainda mais discriminatório porque criou um sistema de "classes" para aquisição de tecnologias nucleares para seus membros. Enquanto os países industriais aliados das potências nucleares insistirem em utilizar tecnologias nucleares sem qualquer tipo de restrição, os controles unilaterais sobre exportações de *know-how* de tecnologias nucleares serão percebidos como discriminatórios pelas demais nações. Uma outra falha básica do TNP é que ignora o caráter ambivalente inalienável dessas tecnologias, pois podem ser empregados tanto para fins industriais como para projetos militares. O TNP carrega um legado do passado que atualmente não lhe confere qualquer poder de negociação. A Agência Internacional de Energia Atômica, AIEA, foi criada para promover a difusão de tecnologias nucleares entre os membros do TNP. A implementação do TNP entre os países não-nuclearizados era, portanto, induzida: tecnologia nuclear sim, desde que assinando o TNP! Esse "indutor", como sabemos, não funcionou para vários países: os atuais países nuclearizados *de-facto* que dominaram as tecnologias nucleares utilizando seus recursos humanos e outros canais para obterem *know-how* nuclear. Por outro lado, a transferência de tecnologias nucleares jamais foi plenamente realizada em vários países signatários do TNP.

Atualmente, apenas quatro países não são membros do TNP. Entre esses, três estão presentes no cenário nuclear mundial: Índia e Paquistão na Ásia Meridional e Israel no Oriente Médio. Israel, Índia e Paquistão dominam a tecnologia para produção de armas nucleares, sendo reconhecidos como nucleares *de-facto*. Lembremos que o Brasil pretendeu assinar o TNP já dominando a tecnologia de enriquecimento do urânio e possuindo um projeto avançado de mísseis de grande porte. A posição do Brasil face ao TNP diferia entretanto das adotadas pelos demais países desse grupo. Embora ainda fora do TNP por considerá-lo discriminatório, o Brasil adotou todos os mecanismos de salvaguardas instituídos pelo tratado e implementados pela AIEA. A crítica ao TNP tem bases sólidas no Brasil porque podia-se provar para a comunidade das nações que não havia proliferação, apesar das intenções anteriores de desenvolver um projeto de um explosivo nuclear, que seria testado na base aérea de Cachimbo, denunciada pela SBF e depois reconhecida pelo ex-presidente Collor.

Em 11 de maio de 1995 o TNP foi estendido indefinidamente em Nova York na sua forma original. Um esforço liderado pelos EEUU impediu todas as tentativas de mudanças do seu texto original. O único compromisso agendado (aceito pelas potências nucleares) foi de estabelecer em 1996 um tratado proibindo testes nucleares. As potências nucleares reafirmaram em 1995 os princípios e objetivos originais do TNP. Entre eles, "o compromisso do artigo VI do TNP de perseverar de boa fé nas negociações para o desarmamento nuclear". Além disso, afirmaram o propósito de iniciar negociações não-discriminatórias para uma convenção que proíba a produção de material físsil ou outros explosivos nucleares, tendo como propósito final a eliminação dessas armas.

Podemos considerar o mundo mais seguro com a extensão indefinida do tratado? As potências nuclearizadas dizem que sim. O TNP foi concebido no contexto da 2ª Guerra Mundial e sob as restrições políticas geradas pela Guerra Fria. O TNP jamais desmontou uma bomba nuclear ou impediu a produção de uma única grama de plutônio. O TNP foi também inoperante em países não-signatários que optaram por programas nucleares secretos, alguns deles tolerados por essa ou aquela grande potência.

3.2. O TET

O Tratado para Eliminação de Testes Nucleares foi negociado na Conferência de Desarmamento em 1996, como acordado em 1995 na conferência para extensão do TNP, e aprovado em 20 de agosto de 1996 na Assembléia Geral das Nações Unidas. Essa aprovação formal foi uma demonstração do propósito das potências nucleares de fortalecer o TNP e de possibilitar sua universalidade. Entretanto, o tratado tem problemas de implementação e não é suficientemente abrangente, como sugere seu próprio nome. De fato, 100 nações, incluindo as potências nucleares, assinaram o tratado em setembro de 1996, mas até agora o tratado não entrou em vigor.

O problema principal para a efetiva implementação do TET está no procedimento adotado para sua entrada em vigor. Para ser efetivado, o próprio tratado exige que 46 países, sem exceção, homologuem o mesmo. A escolha desses países obedeceram critérios políticos e técnicos[*]. Desses, Índia já se considerava excluída do tratado antes da sua apreciação na Assembléia Geral das Nações Unidas. A questão atual sobre o TET é se existe alternativa para sua entrada em vigor, ou se continuará inoperante para sempre. A fórmula adotada e que levou ao impasse não tem qualquer base técnica. Tomando o próprio TNP como exemplo, não deveria existir essa imposição de número mínimo de países membros para torná-lo efetivo. No caso do TNP, uma meia dúzia de países "deram partida" ao tratado que hoje é quase universal. Alguns céticos questionam se o verdadeiro propósito

---

[*] África do Sul, Alemanha, Algéria, Argentina, Austrália, Áustria, Bangladesh, Bélgica, Brasil, Bulgária, Canadá, Chile, China, Colômbia, Coréia do Norte, Coréia do Sul, Egito, Eslováquia, Estados Unidos, Espanha, Finlândia, França, Holanda, Hungria, Índia, Indonésia, Irã, Israel, Itália, Japão, México, Noruega, Paquistão, Peru, Polônia, Reino Unido, Romênia, Rússia, Suécia, Suíça, Turquia, Ucrânia, Viet Nam, Zaire (Congo).

dos seus mentores foi o de se encontrar uma fórmula que impedisse essa implementação. Há entretanto a alternativa de revisar o tratado em 1999, isto é, três anos após sua aprovação formal.

Infelizmente, além do impasse atual, O TET pode ser contornado por países em condições de realizar simulações avançadas de explosões nucleares, isto é, testes em ambientes de laboratórios de pesquisa. O TET não impedirá a utilização de recursos científicos para manutenção indefinida de arsenais nucleares. Uma importante decisão do governo dos EEUU, adotada para preservação de arsenais nucleares após o TET, será apresentada a seguir.

4. O Programa de Manutenção Científica do Arsenal Nuclear dos EEUU (MCA)

Os EEUU pararam de fazer novas ogivas nucleares em 1989; seu arsenal nuclear (atualmente, 9000 bombas atômicas) está envelhecendo desde então. Isso explica a grande pressão dos militares norte-americanos contra a eliminação de testes nucleares. Não é portanto uma coincidência que o presidente norte-americano tenha, em uma semana apenas, assinado o tratado abolindo testes nucleares e, logo após, autorizado o gasto de enorme soma de recursos para testar bombas atômicas por métodos fora do âmbito do tratado. Trata-se de "testes laboratoriais", micro-explosões termonucleares, que serão realizadas no enorme complexo do Laboratório Nacional Livermore, um dos principais laboratórios estatais norte-americanos. O Laboratório Livermore já iniciou a construção de uma instalação de grande porte, a Instalação Nacional de Ignição (National Ignition Facility, NIF em inglês) que custará US$ 1 bilhão quando concluída. O NIF incidirá 192 feixes de laser sobre pastilhas minúsculas de deutério e trício, provocando a fusão dos núcleos desses elementos. Todo o programa para manutenção dos arsenais nucleares norte-americanos está orçado em US$ 40 bilhões durante 10 anos. Dentro do programa está previsto o investimento de US$ 940 milhões até o ano 2002 em instalações computacionais de grande porte. Numa delas, na Iniciativa de Computação Acelerada Estratégica (Accelerated Strategic Computer Facility, ASCI), foi montado um super computador com 9200 processadores Pentium Pro da Intel. Essa máquina foi montada no Laboratório Sandia, em Albuquerque e realiza um trilhão de cálculos por segundo. Em Los Alamos, o laboratório estatal norte-americano para os testes nucleares, está sendo construída uma grande instalação para obter imagens por raios-X de ondas de choque geradas por explosões que simulam o primeiro estágio de detonação de uma bomba atômica; esse equipamento é denominado "Instalação de Radiografia Hidrodinâmica de Duplo Eixo".

Como vemos, o propósito oficial do programa é de implementar técnicas que permitam preservar indefinidamente a confiabilidade do arsenal nuclear dos EEUU. As previsões atuais sobre a viabilidade de tal programa não são otimistas e levam a concluir que o propósito do mesmo é outro. "Não se trata de preservar o arsenal mas de preservar projetistas de bombas nucleares" é o que afirma Frank von Hippel*, físico da Universidade de Princeton que deixou de ser assessor científico da Casa Branca em 1994.

A decisão de preservar o arsenal nuclear norte-americano recebeu o suporte de cientistas norte-americanos de grande prestígio. Os professores Hans Bethe, da Universidade de Cornell, Henry Kendall do MIT e Herbert York, da Universidade da Califórnia, La Jolla, enviaram ao congresso norte-americano, em 8 de maio de 1996, uma carta de apoio ao programa afirmando que: 1) o MCA tem uma base técnica sólida que permite garantir a segurança e confiabilidade das bombas nucleares daquele país após a assinatura do TET; e 2) o programa atrairá talento técnico necessário para assegurar a capacidade científica do núcleo central de projetistas de armas nucleares daquele país.

O critério subjacente que motivou esses cientistas a apoiarem o pograma é admitir que os arsenais das potências nucleares são garantias contra a proliferação dessas armas. Entretanto, esses arsenais nucleares são um estímulo para a proliferação e a implementação do MCA para preservá-los deve ser considerada à luz do artigo VI do TNP. Como mencionamos acima, o artigo VI afirma que os países nuclearizados estão comprometidos a negociar "de boa fé" o desarmamento nuclear completo. Se o TNP é a lei que abrange todos os países que o assinaram, a adoção de iniciativas para preservar armas nucleares fere este dispositivo na sua essência. São problemas dessa natureza que levaram vários países signatários do TNP a proporem em 1995 uma conferência para revisão do tratado no ano 2000. Foi estabelecida uma agenda de conferências preparatórias, uma delas tendo ocorrido no mês de abril último como passamos a descrever.

5. A Conferência para Revisão do TNP do ano 2000

Em 19 de abril de 1997, os signatários do TNP concluíram em Nova York o relatório da Primeira Comissão Preparatória da conferência. O relatório salienta a grande aceitação do TNP (186 nações são signatárias) e apela que os poucos países não-signatários, entre os quais ainda estava o Brasil, ao lado da Índia, Israel e Paquistão, o façam antes do ano 2000. O relatório salienta a necessidade da entrada em vigor do tratado que proíbe testes nucleares e de iniciar uma nova etapa de negociações para redução do número das armas nucleares. O relatório reconhece os progressos da AIEA para fortalecer o regime de salvaguardas contra armas nucleares, (trata-se da ampliação da capacidade técnica dessa agência de descobrir programas nucleares secretos; realizada dentro do projeto AIEA 93+2 recém concluído). O relatório reconhece a importância de 4 zonas livres de armas nucleares, mas se omite sobre uma nova zona livre criada por iniciativa de países da Ásia Central. Essa última afeta interesses estratégicos de potências nucleares. Outras iniciativas que induzam ao desarmamento nuclear global não foram mencionadas neste relatório. Embora com grande participação, demonstrando o interesse despertado entre os países signatários sobre a revisão do TNP, ficou evidente nessa conferência preparatória que a agenda para revisão do tratado no

---

* *Physics Today*, março de 1997, pág. 64.

ano 2000 ainda omite pontos essenciais para conter a proliferação e promover um desarmamento nuclear global e irreversível. Será necessário muito esforço de preparação e de coordenação entre os países não-nucleares para conseguir alavancar esses aspectos essenciais para a agenda de revisão. Novas estratégias devem ser também consideradas com tais propósitos, como veremos a seguir.

6. As Negociações para um Mundo Livre de Armas Nucleares

Em dezembro de 1996 houve uma resolução importante da Assembléia Geral das Nações Unidas: por 115 votos a favor, 22 contra e 32 abstenções, foi adotada uma proposta da Malásia solicitando o início de 1997 das negociações para uma Convenção que proibisse o desenvolvimento, a produção e os testes de bombas atômicas, assim como seu armazenamento, a instalação dessas bombas em bases e veículos (submarinos e aviões), além de proibir o emprego de ameaça de uso dessas armas. As potências nucleares votaram contra, Índia e Paquistão a favor, China e Israel se abstiveram. A proposta teve como base uma recente decisão da Corte Mundial sobre a legalidade dessas armas. Embora essa resolução da Assembléia Geral das Nações Unidas não acarrete obrigações para as nações nuclearizadas, o seu significado reside nos seguintes fatos: 1) é a primeira resolução dessa natureza das Nações Unidas; 2) reconhece a conclusão da Corte Mundial de que a eliminação das armas nucleares é uma obrigação legal de todos os países.

Uma Convenção Nuclear não é apenas um sonho de pacifistas. Estrategistas, militares e até ex-ministros dos EEUU e da França a consideram com seriedade. Isso porque já são convincentes os argumentos técnicos de que armas nucleares não contribuem para a segurança dos países nuclearizados. O intenso processo de erosão econômica decorrente da Guerra Fria, por outro lado, deve ter contribuído para atenuar a carreira armamentista nuclear entre países que estão no umbral de desenvolvimento de tecnologias nucleares. Além desses fatores negativos, cresce o consenso de que a preservação dessas armas contribuirá inevitavelmente para a sua proliferação.

Infelizmente, há uma resistência à eliminação da "cultura da Guerra Fria", por sua vez impregnada pelo modelo de expansão econômica que herdamos do século passado. Mas esse modelo atingiu seus limites de aplicação com as armas nucleares. Não existe outra alternativa: ou se eliminam essas armas ou conviveremos com o risco não descartável de eventuais guerras nucleares. Deve-se ressaltar que avaliações de conflitos nucleares localizados podem ser cogitados em círculos militares dos países nuclearizados como "soluções" para crises em várias regiões do planeta.

7. As Campanhas para a Convenção Nuclear

Para reverter essas tendências perigosas da era nuclear, em 1995, durante a Conferência para Extensão do Tratado de Não-Proliferação, ocorreram reuniões em Nova York de centenas de organizações não-governamentais de todos os continentes para estruturar a campanha por uma Convenção de Armas Nucleares

(CAN). Essa campanha propunha então a seguinte agenda para os países nuclearizados ou em estágio final de nuclearização: 1) parar com os testes nucleares; 2) suspender o desenvolvimento de novas bombas nucleares; 3) iniciar as negociações da CAN.

As negociações durante a Convenção devem definir: 1) uma agenda para eliminação das armas e plataformas de lançamento em prazos definidos; 2) um sistema internacional de salvaguardas contra fabricação de armas nucleares e de plataformas de lançamento. Quando concluída, a Convenção substituiria o TNP.

Vários estudos foram realizados para demonstrar que essa Convenção é tecnicamente viável como veremos a seguir.

8. Os Principais Estágios para a CAN

Mencionaremos a seguir várias iniciativas que são tecnicamente viáveis para redução dos arsenais nucleares. Duas dessas medidas, além de garantirem o cumprimento do Artigo VI do TNP, contribuiriam para o estabelecimento da Convenção.

Atualmente, 1000 armas nucleares estão sendo desativadas anualmente nos EEUU e na Rússia. Mas é necessário que esse processo de eliminação de armas tenha uma agenda reconhecida em tratados. Já estão sendo negociados START II e START III. Esses tratados entre os EEUU e Rússia determinariam uma significativa redução dos respectivos arsenais nucleares. O Tratado START II, ainda não ratificado pela Rússia, impõe que no ano 2003 o número de armas estratégicas norte-americanas e russas não deva ser superior a 7000. Esse limite supera, ainda, por um fator de 5 até 8, os arsenais das nações nuclearizadas de porte médio. Uma redução complementar para um teto de 1000 ogivas nucleares para os estoques das duas maiores potências, previstas em um novo tratado, o START III, seria uma sólida base para início de negociações da Convenção. Após esse estágio, seria possível considerar o desmonte das armas nucleares táticas de todos os signatários do TNP. É razoável supor que as nações com arsenais nucleares de pequeno porte estejam à espera de uma situação mais favorável, como seria a implementação do START III, para reduzir seus arsenais.

A segunda grande iniciativa para as negociações da CAN está relacionada com o fim da produção de material físsil de grau necessário para fins militares (*Cut-off regime*, em inglês). Nos países nuclearizados, acumularam-se durante a Guerra Fria vastas quantidades de material físsil para bombas atômicas e de trício (elemento essencial para armas nucleares táticas). Por outro lado, os estoques de material físsil (plutônio reprocessado) obtidos através da utilização industrial da tecnologia nuclear vão superar os estoques militares na virada do próximo século! Portanto, não pode existir mais qualquer tipo de diferenciação entre os controles de estoques civis e militares desses materiais. Tampouco não existe qualquer argumentação técnica que justifique a produção de mais material físsil militar, mesmo a do trício devido à sua curta vida média, da ordem de 10 anos.

Um desarmamento nuclear irreversível só será alcançado com a paralisação da produção de material físsil explosivo. Seria o caso para uma Convenção de

Materiais Nucleares Explosivos com tal propósito. O sucesso de uma colaboração EEUU-Rússia para estabelecer um controle de seus estoques de materiais físseis abriria o caminho para o controle desses materiais entre os demais países capazes de produzi-los.

Finalmente, as iniciativas de criação de zonas livres de armas nucleares são contribuições para as quais os países do 3º Mundo participam significativamente. A importância dessas zonas ficou demonstrada com os problemas criados para o governo francês durante seus testes nucleares de 1995. A participação pioneira dos países da América Latina criando em 1967 sua zona livre através do tratado de Tlatelolco, contribuiu para a formação de várias outras zonas livres. Em 1985 foi firmado o tratado de Rarotonga do Pacífico do Sul e, em 1996, o tratado de Pelindaba para toda a África. Somando-se a esses tratados a interdição de bombas atômicas no Continente Antártico (tratado Antártico de 1959), eles cobrem todo o hemisfério Sul. Ademais, países da Ásia Central criaram recentemente sua zona livre e foi recomendado em 1995, pelas nações participantes da Conferência para Extensão do TNP, a criação de uma zona livre no Oriente Médio. Pode-se até prever o início de discussões para formação de uma zona livre na Europa Central que sustaria a penetração da OTAN naquela região.

Todas as zonas livres tiveram dificuldades durante suas negociações e ainda as têm no que diz respeito ao seu reconhecimento pelas potências nucleares. Entretanto elas estão se consolidando no seio da opinião pública, como foi constatado recentemente pelo governo francês. O que deve ser enfatizado é que essas iniciativas regionais: 1) são politicamente mais aceitáveis do que um sistema internacional único de salvaguardas contra armas nucleares; 2) dão início a negociações entre países que convivem com dificuldades em zonas de conflitos; 3) podem ser mais flexíveis do que tratados internacionais rígidos, permitindo uma gradual aceitação dos preceitos necessários para a implementação da CAN.

Referências

Castro, A.R.B.; Majlis, N.; Barros, F.S. "Brazil's nuclear shakeup: military still in control", *Bull. Atom. Scient.* 45(4), 22 (1989).

Collina, T.Z.; Barros, F.S. "Transplanting Brazil and Argentina's success", *ISIS Report*, vol. II, nº 2, February 1995.

Grupo de Estudos Internacionais da INESAP, *Beyond the NPT: A Nuclear-Weapon-Free World*, monografia editada por IANUS, Universidade Técnica de Darmstadt, Alemanha, Abril 1995.

Masperi, L.; Barros, F.S. "The role of physicists in the nuclear agreement between Brazil and Argentina", *Physics and Society; Bulletim of the American Physical Society*, v. 21, n. 3, julho 1992.

Rosa, L.P.; Barreiros, S.R.; Barros, F.S. *A Política Nuclear no Brasil*, Monografia editada por Greenpeace, 1992.

Rosa, L.P.; Ribeiro, S.K. eds., "The non-proliferation treaty and nuclear disarmament", Anais do *Rio Pugwash Meeting*, 1996.

Pequena História da Física dos Relógios-de-Água

Ricardo Ferreira

Departamento de Química Fundamental,
Universidade Federal de Pernambuco

É um grande prazer contribuir para este volume comemorativo do 65° aniversário da Professora Amelia Imperio Hamburger. Além de Física e Professora de Física, Amelia Hamburger se notabilizou por seus ensaios históricos sobre a Física no Brasil. Um dos seus feitos mais conhecidos foi um estudo detalhado de Luiz de Barros Freyre, pioneiro pernambucano da Física brasileira[1]. Não devemos esquecer também o engajamento de Amelia na luta contra a intromissão totalitária na vida acadêmica do País.

Não me sentindo habilitado a levantar uma questão histórica da Física no Brasil em nível comparável ao de Amelia Hamburger, preferi discutir alguns aspectos da História das clepsidras, ou relógios-de-água.

Antes da invenção de relógios mecânicos confiáveis por Christiaan Huygens (1656), medir a passagem do tempo - as horas do dia, por exemplo - dependia de relógios-de-sol e relógios-de-água. A invenção de Huygens, baseada na sua descoberta de que o período de um pêndulo que descreve um arco de uma ciclóide é rigorosamente constante foi estimulada pela mudança profunda na importância econômica e social da medida do tempo, ocasionada pelo Mercantilismo, com sua necessidade de conhecer as longitudes no Globo. Essa demanda tornou-se mais severa com o sistema industrial capitalista ("time is money").

Tanto os relógios-de-sol como as clepsidras (literalmente, ladrões d'água) são conhecidos desde a remota antiguidade. Ambos apresentam grandes limitações como medidores da passagem do tempo.

Os relógios-de-sol (ou relógios-de-sombra) foram inventados possivelmente na antiga Babilônia. Consistem essencialmente de uma haste vertical erguida sobre uma base circular. O ângulo que a sombra da haste faz com o meridiano local é o azimute do Sol. Como o ângulo azimutal varia com as estações, a duração de uma hora não corresponde à mesma fração do dia nas várias épocas do ano. Este problema foi resolvido pelos árabes, provavelmente no século IX D.C., com os *quadrantes solares*. Nestes, a haste é colocada, no hemisfério Norte, na direção da estrela Polar, e pode-se graduar a escala em divisões correspondentes a intervalos de tempos equivalentes em todas as estações do ano (no nosso hemisfério pode-se escolher a estrela α do Cruzeiro do Sul). Contudo, o ângulo do ponteiro dos quadrantes solares corresponde à latitude do local, e um quadrante que registra o tempo, digamos em São Paulo, não o registra corretamente em Buenos Aires. Mas a grande limitação desses instrumentos tão simples, é que sua utilidade fica restrita aos períodos diurnos e razoavelmente ensolarados.

As clepsidras, por sua vez, foram inventadas provavelmente na Mesopotâmia (Iraque) mas a clepsidra mais antiga ainda conservada foi encontrada em Karnack (Egito) e data de 1400 A.C. Essas antigas clepsidras eram usadas mais como *cronômetros*, para medir intervalos de tempos iguais, do que como *relógios*, marcando as horas do dia. Consistem de um vaso de cerâmica com um furo com rolha no fundo; enche-se o vaso e, abrindo-se o orifício, a água escorre para fora em um intervalo constante de tempo.

Um relógio-de-água prático deve permitir que a superfície livre do líquido (juntamente com uma bóia ou marcador apropriado) *baixe de alturas iguais em tempos iguais*. Se isto acontece dizemos que se trata de um *fluxo linear*. Em termos matemáticos, se h é a altura da coluna de água, o fluxo linear corresponde à condição

$$\frac{dh}{dt} = \text{constante} \tag{1}$$

Acontece que em geral, à medida que o nível da água baixa durante o esvasiamento, a pressão, medida pela diferença de altura entre a superfície livre e o orifício de escape, vai baixando; diminui portanto a velocidade de saída da água, e se o vaso tiver uma seção cilíndrica a altura da coluna diminui cada vez mais lentamente.

Uma solução aproximada deste problema foi encontrada em vários modelos de clepsidras nos quais o nível superior da água é mantido aproximadamente constante pelo suprimento de mais água vindo de um reservatório maior, ou mesmo de um rio. Solução mais racional já se apresenta na própria clepsidra de Karnak: o diâmetro do vaso diminui de cima para baixo. A questão básica, então, para se construir um relógio-de-água de fluxo linear é descobrir qual a função entre a altura h, e o raio r, do recipiente, de maneira a assegurar que dh/dt seja constante.

Para a compreensão deste fenômeno, chamamos a atenção para a Figura 1, onde as constantes e variáveis do problema aparecem esquematizadas.

Os romanos, que foram notáveis engenheiros hidráulicos, acreditavam que a velocidade de escape da água em uma clepsidra era proporcional à altura da coluna,

$$v \propto h \tag{2}$$

Este erro foi também cometido por Leonardo da Vinci, já no século XV. Galileo, nos seus famosos estudos, descobriu que a velocidade de queda livre dos corpos, é função da raiz quadrada da altura,

$$v \propto h^{1/2} \tag{3}$$

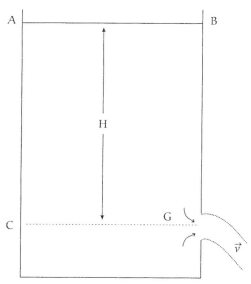

Figura 1. Fluxo de um líquido através de um orifício bem definido na parede de um vaso cilíndrico. A superfície do líquido é suficientemente grande para que no nível AB, v = 0. Nos cilindros o raio é constante para qualquer valor da altura h; não podem assim apresentar uma vazão linear.

Quando, em 1644, Torricelli estendeu os trabalhos de Galileo para os fluidos, ele escreveu[2]:

Líquidos que saem (livremente) por um orifício, possuem neste ponto a mesma velocidade que qualquer corpo pesado teria se caísse da superfície líquida até [o nível] do orifício.

Assim, a velocidade de escape livre do líquido deve ser medida pela relação (3), válida no caso de fluidos ideais, isto é, incompressíveis e não viscosos.

Poucos anos após esta descoberta fundamental, em um manuscrito intitulado "Tratado da Clepsidra", Vicenzo Viviani propõe uma relação parabólica,

$$h \propto r^2, \tag{4}$$

para o perfil de um vaso com fluxo linear, o que constitui, como veremos, um erro (Figura 2).

Somente em 1686 apareceu em Paris um livro de Edmé Mariotte (falecido dois anos antes) no qual ele propõe que os vasos de fluxo linear devem ter uma forma tal que a altura da coluna d'água seja proporcional à quarta potência do raio,

$$h \propto r^4 \tag{5}$$

Na tradução inglesa do livro de Mariotte, feita por Desaguliers e publicada em 1717, lemos: *É muito próprio neste momento tratarmos de um problema curioso, que Torricelli não conseguiu resolver, embora o tenha proposto; este problema é encontrar um vaso com um desenho que, sendo perfurado no fundo com um pequeno orifício, deixe*

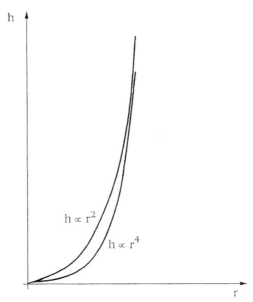

Figura 2. Gráficos das equações $h = kr^2$ (parábola) e $h = k'r^4$ (quártica), dispostos como representando as seções de corte de possíveis clepsidras.

a água passar para fora de maneira que sua superfície superior desça de iguais alturas em tempos iguais. Mariotte, não contando com o cálculo, dá uma solução verbal complicada, mas pelos seus exemplos numéricos não há dúvida que ele chegou à expressão $h \propto r^4$.

Não se sabe ao certo como Mariotte encontrou a expressão correta [eq. (5)]. Ela pode, contudo, ser obtida facilmente a partir da lei de Torricelli, $v \propto h^{1/2}$. Como tantos outros fenômenos da hidrodinâmica, a lei de Torricelli é uma conseqüência direta do Princípio de Bernoulii (1738), válido para fluidos incompressíveis e com viscosidade zero.

Princípio de Bernoulli
$E_{pot} + E_{comp} + E_{cin} = $ Constante

$hg + p/\rho + v^2/2 = K$

Nível AB $hg + 0 + 0 = K$
Nível G $0 + 0 + v^2/2 = K$

E_{pot} = Energia potencial; E_{comp} = Enegia de compressão; E_{cin} = Energia cinética

$$hg + 0 + 0 = 0 + 0 + v^2/2$$

ou

$$v = \sqrt{2gh}$$
$$v \propto h^{1/2}$$

Lei de Torricelli

Seja $Q = dV/dt$ a variação do volume do líquido em relação ao tempo. Se A é a área perpendicular ao fluxo em qualquer ponto do vaso e v a velocidade do fluido neste ponto,

$$Q = Av \qquad (6)$$

Então,

$$Q = \frac{dV}{dt} \propto v \propto h^{1/2} \qquad (7)$$

Escrevendo, $dV/dt = (dV/dh)(dt/dt)$, teremos,

$$h^{1/2} \propto \frac{dV}{dh}\frac{dh}{dt} \qquad (8)$$

Como a clepsidra de vazão linear é aquela para a qual $dh/dt =$ constante, vem que

$$h^{1/2} \propto \frac{dV}{dh} \qquad (9)$$

Para qualquer valor da altura h e raio r, $dV = \pi\, r^2\, dh$, ou

$$\frac{dV}{dh} = \pi\, r^2 \qquad (10)$$

De (9), vem que $h^{1/2} \propto dV/dh$ e, portanto,

$$h^{1/2} \propto \pi\, r^2 \qquad (11)$$

ou

$$h \propto r^4 \qquad (12)$$

A equação (12) é a relação quártica encontrada por Mariotte.

Ao negligenciarmos as forças de viscosidade estamos na realidade supondo que as forças intermoleculares são desprezíveis quando comparadas às forças inerciais operando no fluxo líquido. A situação é outra se as forças viscosas forem maiores que as inerciais. Neste caso teremos um vaso com fluxo laminar. Para vazões laminares, o fluxo linear, $dh/dt =$ constante, corresponde agora a um perfil parabólico, $h \propto r^2$, como descrito por Viviani em 1644. Acredita-se, porém, que Viviani não tinha condições de estudar um fluxo laminar e que chegou a sua relação parabólica por erros cometidos ao estudar fluxos livres.

Se ligarmos o orifício G descrito na Figura 1 a um tubo capilar horizontal de diâmetro a e tamanho l, tal que $l > h >> a$, o fluxo de um líquido de coeficiente de viscosidade η é laminar. Em 1840 Poiseuille descobriu que nestes casos a variação do volune é função linear de h, isto é,

$$Q = \frac{dV}{dt} = \pi \, h \, g \, \frac{a^4}{8 \, l \, \eta} \tag{13}$$

No fluxo laminar, Q é proporcional a h, e não a $h^{1/2}$; como conseqüência, $h \propto r^2$, isto é, obtemos um perfil parabólico.

Na vida real, o fluxo nas clepsidras situa-se entre os dois casos ideais, o fluxo livre por orifício (no qual $v \propto h^{1/2}$) e o fluxo laminar ($v \propto h$). Dizemos que o fluxo, em maior ou menor grau, é turbulento. Não há solução analítica exata para as clepsidras da vida real, já que o fluxo é turbulento, e resolver este problema corresponde a integrar a equação de Navier-Stokes, notoriamente *insolúvel*. Várias soluções aproximadas foram propostas; uma das mais conhecidas é a de Osborne Reynolds (1883) segundo a qual a velocidade do fluxo turbulento obedece à expressão

$$v \propto h^{1/1.722}$$

Finalmente, gostaria de dizer que o leitor encontrará uma discussão detalhada dessas questões em um artigo pouco acessível aos físicos brasileiros: A.A. Mills, *Notes and Records of the Royal Society of London*, **37**(1), 35 (1982), de onde tirei a maior parte das informações aqui contidas.

Referências

1. I.F. Mota e Albuquerque e A.I. Hamburger, *Ciência e Cultura* **40**(9), 875-881 (1988).
2. W.F. Magie, *Source Book in Physics*, Harvard University Press, 1963. p.111.

Trinta Anos da SBF (1966-1996) Notas para uma História da Sociedade Brasileira de Física

Silvio R.A. Salinas
Instituto de Física, Universidade de São Paulo

1. Introdução

Há cerca de três anos, por ocasião da inauguração da sede própria da SBF, em pequeno edifício construído no coração do Instituto de Física da USP, César Sá Barreto me pediu que falasse sobre alguns aspectos da atuação da nossa sociedade durante os últimos trinta anos. Fiz uma pesquisa, necessariamente rudimentar, nos Boletins e nas atas de reuniões da SBF, e produzi umas notas que foram lidas na solenidade de inauguração. Surgiu agora a oportunidade de publicar um texto neste volume dedicado à Amelia. Não tive tempo, e nem competência, para aprofundar a pesquisa inicial. Mas vou acabar falando um pouco da própria Amelia, pois ela participou ativamente do período inicial de formação da SBF. Além disso, talvez a Amelia e os seus associados possam ser estimulados a retomar o assunto a fim de escrever uma história, de fato, da Sociedade Brasileira de Física.

2. Fundação da Sociedade Brasileira de Física (SBF)

A assembléia de fundação da SBF foi realizada no dia 14 de julho de 1966, em Blumenau, Santa Catarina, durante a XVIII Reunião Anual da Sociedade Brasileira para o Progresso da Ciência (SBPC). Foi presidida por José Goldemberg, do Departamento de Física da antiga Faculdade de Filosofia, Ciências e Letras da USP, secretário da Comissão de Física da SBPC, e secretariada por Paulo Leal Ferreira, do Instituto de Física Teórica (IFT) de São Paulo.

Durante a assembéia de fundação foi discutida e votada uma proposta de estatuto da sociedade, elaborada por uma comissão de físicos designada durante a XVI Reunião Anual da SBPC, realizada em Ribeirão Preto, em 1964, incorporando sugestões que haviam sido apresentadas durante a reunião da SBPC em 1965, em Belo Horizonte. O estatuto aprovado em Blumenau, redigido principalmente por Jayme Tiomno, Amelia Imperio Hamburger, Ross Alan Douglas e Sergio Mascarenhas, incorporando algumas modificações aprovadas no ano seguinte, continua sendo o documento básico da sociedade.

Na assembléia de Blumenau, os Membros Fundadores também elegeram a diretoria provisória, sob a presidência de Oscar Sala, do Departamento de Física da antiga Faculdade de Filosofia, Ciências e Letras da USP, e escolheram a cidade de São Paulo para sede da SBF. Como primeira contribuição ao país, a diretoria da nova sociedade deveria realizar um "estudo sobre a situação e as necessidades da física no Brasil a fim de apresentar às autoridades competentes". Nos apêndices relacionamos os sócios fundadores e as primeiras diretorias da SBF.

3. A SBF na ditadura - 1969

Em abril de 69 foram aposentados pelo regime militar o presidente da SBF, José Leite Lopes, no seu segundo mandato, o vice-presidente, Jaime Tiomno, e o conselheiro Mario Schenberg. Jaime Tiomno nem chega a tomar posse - numa carta comovida à diretoria apresenta a sua renúncia e faz um apelo para que a sociedade continue funcionando. Leite Lopes também renuncia e viaja para os Estados Unidos. Vários outros físicos foram aposentados na mesma ocasião: Plínio Sussekind da Rocha, Elisa Frota Pessoa e Sarah de Castro Barbosa, no Rio de Janeiro. Mais tarde houve físicos aposentados em Minas Gerais e no Rio Grande do Sul.

O *Boletim* número 1 da SBF, editado pelo secretário-geral Ernst W. Hamburger, surge em novembro de 69 sob o signo do protesto. O CNPq havia recusado um pedido de recursos da Diretoria anterior para publicar uma revista científica. Nessas condições, a solução foi conseguir o patrocínio de anunciantes para publicar um boletim com "informações de interesse para os professores e pesquisadores de física brasileiros". A idéia consistia em suplementar os boletins do Centro Latino-Americano de Física, CLAF, que desapareceriam logo depois, e preencher o papel das antigas "Informações entre Físicos", publicadas pelo IFT em São Paulo. O *Boletim* número 1 registra os protestos internacionais contra as aposentadorias: manifestações de pelo menos dez nobelistas, cartas da Société Française de Physique e da Latin American Studies Association de Washington, notícias em *Nature*, *Physics Today* e *Scientific Research*.

Em 69 a diretoria funciona em São Paulo: a presidência é exercida, de fato, pelo secretário-geral, Ernst W. Hamburger; a secretaria, por Carlos Alberto Dias (UFBA); a secretaria de ensino, por Ramayana Gazzinelli (UFMG) e a tesouraria por Pedro Rocha de Andrade (UFRGS). Criam-se as primeiras "divisões estaduais" da SBF: no Rio Grande do Sul, em Minas Gerais, no estado da Guanabara, incluindo a cidade do Rio de Janeiro, na Bahia e até mesmo em São Paulo. Em janeiro de 1970, a diretoria da SBF organiza na Cidade Universitária da USP o primeiro "Simpósio Nacional de Ensino de Física", de caráter amplo, abrangendo todos os níveis de ensino (com o apoio de diversas organizações, mas sem o apoio da Capes ou do CNPq). Esta foi a primeira reunião de trabalho regular da SBF fora do esquema proporcionado pela Reunião Anual da SBPC. Na época, a maior reunião de físicos era o Simpósio de Física Teórica, independente da SBF, que estava se realizando pela terceira vez, no Rio, em abril de 70.

Entre outras preciosidades da ditadura, no final de 68 tinha sido publicado "ato complementar" vedando aos professores aposentados com base no "ato institucional número 5" a permanência e o acesso a instituições sustentadas por verbas públicas. Em 69, o Almirante Octacilio Cunha, presidente do CBPF, assumindo o clima da época, decide aplicar a legislação, dispensando alguns pesquisadores, como Leite Lopes e Tiomno. O protesto da SBF foi imediato: a diretoria entregou uma petição ao Ministro-Chefe da Casa Civil da Presidência da República, apelando para o "direito ao trabalho", consagrado na "Declaração Universal dos Direitos do Homem"! Tratava-se realmente de uma época difícil.

4. A SBF na ditadura - primeira metade da década de setenta

Durante os anos mais difíceis da ditadura, embora permanecendo no exterior, Leite Lopes foi mantido na presidência da sociedade. A partir de 70, a vice-presidência foi assumida por Alceu G. Pinho-Filho, da PUC-RJ. Ainda sob o constrangimento das aposentadorias, a SBF se manifestou em São Paulo contra as prisões de Ernst W. e Amelia Imperio Hamburger. Nesta ocasião, Alceu Pinho e Ramayana Gazzinelli enviaram carta ao Presidente do CNPq pedindo que "não se tome como ameaça à segurança nacional qualquer atitude de crítica ou de não concordância", e observando que "freqüentemente, nem ao menos um processo formal de culpa é instaurado, sendo comum medidas repressivas serem tomadas sem proporção com os fatos que as motivaram..."

Em 71 a diretoria permanece praticamente inalterada, com Alceu Pinho na vice-presidência e Marcio Quintão Moreno, da UFMG, substituindo Ramayana Gazzinelli na secretaria de ensino. Surgem as primeiras discussões sobre a simplificação do currículo dos cursos de licenciatura. Decide-se realizar uma radiografia da "nova física" (isto é, da área de sólidos) no Brasil, promovendo cursos e mesas-redondas durante a Reunião Anual da SBPC. Realiza-se um dos primeiros levantamentos da pós-graduação em física no Brasil. Propõe-se a criação da *Revista Brasileira de Física*, escolhendo-se Jorge Leal Ferreira (IFT) como editor-geral, e Carlos A. Dias (UFBA), Alceu G. Pinho Filho (PUC-RJ), José Goldemberg (IFUSP), Ramayana Gazzinelli (UFMG), Sergio M. Rezende (UFPE), Marco A. Moreira (UFRGS) e Abraham H. Zimerman (IFT), como editores regionais.

Jorge Leal Ferreira foi editor da *RBF* de 71 a 78, sendo sucedido por Henrique Fleming (1978-1983) e posteriormente por Erasmo Madureira Ferreira, quando a revista passou a fazer parte do "primeiro patamar de revistas científicas brasileiras", com financiamento regular da Finep, através do recém criado "programa setorial de publicações em ciência e tecnologia". A *Revista de Ensino de Física*, editada por João Zanetic, foi lançada no Simpósio de Ensino de Física de 79. A *Revista de Física Aplicada e Instrumentação* surgiu bem mais tarde, em 1985, editada por Fernando C. Zawislak.

Em 73-74 a SBF realiza o primeiro estudo sobre a regulamentação da profissão de físico. Mais tarde, em 75, foi feito um levantamento dos físicos trabalhando na indústria, sendo enviada uma carta ao Ministério do Trabalho pedindo providências preliminares para a regulamentação da profissão. A iniciativa, no entanto, nunca encontrou terreno para prosperar. Também em 73-74, a diretoria patrocinou o primeiro levantamento de dados sobre a situação da física no Brasil,

5. A SBF na ditadura - década de setenta, segunda metade

Em julho de 75, durante a Reunião Anual da SBPC em Belo Horizonte, surgiram as primeiras notícias de que o governo Geisel tinha assinado um acordo comercial com a Alemanha a fim de construir algumas usinas nucleares em Angra dos Reis. Foi uma grande surpresa. Imediatamente se organizaram reuniões fora do programa oficial e o acordo com a Alemanha virou o grande tema do encontro. Na assembléia geral da SBF, embora as reservas em relação ao acordo fossem generalizadas, as opiniões eram divididas. A diretoria, sob a presidência de José Goldemberg, agia com cautela. Muitos físicos sempre criticaram a compra de pacotes tecnológicos do tipo "caixa preta", como a usina instalada pela Westinghouse em Angra do Reis. Os reatores baseados em urânio natural, no estilo dos programas nucleares do Canadá ou da Índia, eram apontados como exemplo de caminho independente, evitando as dificuldades tecnológicas do enriquecimento pela ultracentrifugação. No acordo com a Alemanha também se falava em enriquecimento de urânio, mas através de uma nova tecnologia que seria integralmente transferida ao país. Por outro lado, o acordo era um grande mistério, aparentemente envolvendo investimentos da ordem de dez bilhões de dólares, com base em tecnologia que não havia sido posta à prova, numa situação em que o país ainda dispunha de grandes reservas energéticas.

Devido à sua atualidade, vale a pena transcrever os pontos da moção sobre o acordo nuclear, aprovada de forma praticamente unânime pela assembléia geral da SBF, e posteriormente ratificada pela assembléia da SBPC:

"(1) para que o desenvolvimento científico e tecnológico se realize, é indispensável a participação dos cientistas e técnicos brasileiros na formulação de métodos e sistemas utilizados e no debate político global sobre as opções energéticas do país;

(2) para que se consiga a formação de pessoal especializado em qualidade e quantidade compatíveis com uma política nuclear nacional, é imperiosa a participação das universidades brasileiras bem como a integração dos institutos de pesquisa nucleares ao setor universitário;

(3) é necessário que se analise o problema energético de maneira global e que o desenvolvimento dos reatores de potência se verifique paralelamente à pesquisa de outras formas de energia; em particular, exprimimos reservas quanto ao fato de que num país onde existem mais de cem mil megawatts hidráulicos seja necessário recorrer de imediato a uma solução nuclear dessa magnitude;

(4) a SBF reitera a sua posição contrária à utilização da energia nuclear para fins militares;

(5) o controle da ação sobre o meio ambiente (poluição radioativa e térmica), ao longo e após a execução do projeto, deve ser executado por uma organização idônea, como a SBPC, a exemplo do que é feito em países com programas nucleares desenvolvidos;

(6) a SBF manifesta a sua opinião de que deve ser mantida a política de estrito monopólio estatal sobre os recursos naturais de importância energética;

(7) como condição para que qualquer destes pontos possa ser convenientemente considerado, e para que os cientistas e técnicos brasileiros participem deste debate, é indispensável que se discuta livre e abertamente os termos do acordo nuclear e suas implicações nos vários aspectos tecnológicos, econômicos, ecológicos e sociais da vida brasileira".

No *Boletim* publicado em setembro de 75, o presidente da SBF, José Goldemberg, cita Einstein para explicar a posição dos físicos face ao acordo nuclear com a Alemanha: "os cientistas não podem, como tal, intervir diretamente, com sucesso, nas lutas políticas. Eles podem, contudo, promover a difusão de idéias claras e de possibilidades de ação que tenham sucesso. Eles podem contribuir através de esclarecimentos para impedir que os estadistas sejam prejudicados no seu trabalho por idéias antiquadas ou preconceitos." A SBF criou uma Comissão Especial, constituida por J. Goldemberg, F.C. Zawislak, L. Pingueli Rosa, J.I. Vargas e S. Watanabe, com observadores do MEC, do CNPq e da Nuclebrás S/A, que elaborou um relatório detalhado sobre a "participação dos físicos no programa nuclear brasileiro". Durante mais de uma década, à medida que os sucessos, e principalmente os insucessos, do acordo com a Alemanha vão se desenrolando, os físicos participam ativamente do debate sobre a questão energética no Brasil (num período de dez anos, entre 78 e 88, há cerca de cinquenta matérias publicadas no *Boletim* da SBF sobre diferentes aspectos da questão energética no país e do acordo nuclear).

6. Desdobramentos da questão nuclear - década de oitenta

Na reunião da SBPC de 81, em pleno período de abertura controlada, o debate sobre a questão nuclear tomou novos rumos, ao sabor das denúncias de envio de urânio brasileiro ao Iraque e da existência de um "programa nuclear paralelo", com finalidades militares. A SBF decidiu indicar uma comissão para fazer um levantamento dos programas científicos com finalidades militares e das verbas que estariam sendo destinadas a estes programas, em detrimento de um apoio maior às atividades de ciência básica e aplicada. Um relatório assinado por Sergio Rezende, Solange de Barros e José Antonio de Freitas Pacheco acaba concluindo que não há evidências de que armas atômicas estejam sendo construídas ou projetadas em centros vinculados aos militares (que utilizam recursos da ordem de 10% do Fundo Nacional de Desenvolvimento Científico e Tecnológico, FNDCT, em programas de alta tecnologia).

No início de 82 o reator nuclear Angra I entra em funcionamento. A SBF expressa preocupações com questões de segurança, apontando que a energia elétrica adicional produzida não seria realmente necessária. Além disso, a CNEN, órgão fiscalizador de Angra, não tem qualquer independência em relação ao governo. Em 83, a SBF protesta contra decisão do governo colocando todas as atividades de pesquisa na área nuclear sob o controle da CNEN.

No final do período militar, pela primeira vez há uma nota conjunta de físicos brasileiros e argentinos. Nestes tempos de Mercosul, o documento pioneiro assinado por Fernando de Souza Barros, pela SBF, e Luiz Masperi, pela AFA, em novembro de 84, deveria ser lembrado com muito orgulho. As duas sociedades colocavam-se contrariamente à produção de armas nucleares em qualquer país, comprometiam-se a lutar pelo desarmamento nuclear geral, contra a corrida armamentista nos dois países, a favor de mecanismos de abertura e controle de todas as instalações nucleares. Além disso, concordavam que seria moralmente inaceitável a participação de físicos no desenvolvimento de armas nucleares de qualquer espécie.

Mais tarde, em 86, relatório da comissão de acompanhamento do programa nuclear, elaborado por Fernando de Souza Barros, Anselmo Paschoa e Luiz Pingueli Rosa, torna a concluir que, "no nível das informações disponíveis, o Brasil não dispõe de tecnologia completa para produzir a matéria-prima para as bombas nucleares, isto é, as tecnologias de enriquecimento e reprocessamento de urânio, embora haja um esforço para dominá-las com o objetivo de possuir o ciclo completo do combustível nuclear." A comissão também constata que o acordo com a Alemanha já estava praticamente congelado, com a construção da usina de reprocessamento suspensa e o enriquecimento por jato centrífugo ainda não comprovado comercialmente. O plutônio produzido em Angra não é disponível para uso diretamente, pois há controle da AIEA sobre os dejetos. Torna-se claro que o programa nuclear paralelo, de caráter secreto, executado no CTA, pela Aeronáutica, e no IPEN, pela Marinha, destina-se a desenvolver o ciclo completo e construir um submarino nuclear. No final de 86, a SBF e a AFA recebem com otimismo a declaração histórica do Presidente Sarney em Buenos Aires, garantindo que o Brasil não vai fabricar a bomba.

7. Linhas de atuação da SBF - década de setenta

Na Reunião Anual da SBPC em Recife, em 1974, o ministro Reis Velloso anuncia a criação do novo "Conselho Nacional de Desenvolvimento Científico e Tecnológico", que mantém a sigla CNPq. O novo CNPq absorve o Centro Brasileiro de Pesquisas Físicas, CBPF, como um instituto de pesquisa, em substituição à antiga sociedade civil, em situação de crise durante longo período. Criam-se os primeiros comitês assessores e se iniciam as discussões sobre os "indicadores de qualidade". Há muitas divergências com a burocracia do CNPq, que acabam retratadas em vários números do *Boletim* da SBF. O Comitê Assessor de Física e Astronomia também inicia a prática - infelizmente descontinuada - de relatar as suas decisões (e principalmente dificuldades) através do *Boletim* da SBF. As primeiras instruções sobre as "regras do jogo" para as famosas "bolsas de pesquisa", que tanto têm contribuido para a sobrevivência dos cientistas no país, foram explicitadas no segundo *Boletim* de 1977 (e atualizadas posteriormente através de publicações em diversos números do *Boletim* até o início da década de 90).

A SBF foi designada pelo CNPq para representar o Brasil na União Interna-cional de Física Pura e Aplicada (IUPAP). Em setembro de 75, Erasmo M. Ferreira e Eugenio Lerner participam da assembléia geral da IUPAP, dando início ao nosso relacionamento com este organismo internacional.

Durante a Reunião Anual da SBPC em 1977, a SBF organizou um "Simpósio sobre Pesquisa em Física no Brasil", com trabalhos de Sergio M. Rezende e Gehrard Jacob.

Em 78 tem início a luta pela reintegração dos cientistas aposentados pelo AI-5. A SBF publica documento pedindo a reintegração de Mario Schemberg, José Leite Lopes, Jayme Tiomno, Sarah Castro Barbosa, Elisa Frota Pessoa e Plinio Susekind da Rocha (*post mortem*). Esta também é a época das "cassações brancas". A SBF reiteradamente denuncia a não-concessão de licença para afastamento do país de professores das escolas públicas, as dificuldades à participação em congressos científicos no exterior, a exigência de atestados de ideologia, os vetos à contratação com base nestes atestados, a negação de bolsas de estudos, a exigência de antecendentes políticos aos pesquisadores estrangeiros no país, o não-reconhecimento de diplomas obtidos nos países do leste europeu, a negativa de autorização para o comparecimento a reuniões da SBPC. Há um documento desta época, divulgado pela Secretaria Regional de São Paulo, que acabou sendo reproduzido no famoso "Livro Negro da USP". Em abril de 78, o *Boletim* da SBF publica notícia da nomeação de José Leite Lopes como professor universitário na França conservadora de Giscard d'Estaing.

O I Encontro Nacional de Física da Matéria Condensada (ENFMC) realizou-se em Cambuquira, MG, de 25 a 27 de maio de 1978, com a participação de cerca de 130 físicos. Os físicos presentes de nacionalidade brasileira assinaram uma carta ao presidente do CNPq protestando contra as cassações brancas. Foi feito um levantamento sobre a situação dos grupos de física da matéria condensada no Brasil. Os organizadores do encontro sabiam muito bem que o patrocínio da SBF seria essencial para garantir a continuidade da iniciativa. Por outro lado, também sabiam que esses encontros, de repercussão óbvia na física brasileira, acabariam consolidando a própria SBF. Os desenvolvimentos subsequentes são bastante conhecidos.

A primeira Reunião de Trabalho sobre Física Nuclear no Brasil também se realizou em Cambuquira, de 3 a 9 de setembro de 1978, com a participação de mais de 50 físicos nucleares brasileiros (quase a totalidade), cinco físicos argentinos e um físico chileno. Na assembléia final do encontro votou-se resolução com críticas ao acordo nuclear, que não prevê o estabelecimento de uma tecnologia própria, à penúria de verbas em que se encontra a física nuclear brasileira (que não tem possibilidade de levar adiante projetos concebidos dez ou quinze anos atrás), às cassações brancas e à falta de regulamentação da profissão. O primeiro Encontro Nacional de Física de Partículas Elementares e Campos foi realizado em Cambuquira, entre 6 e 9 de junho de 1979. Ao lado da reunião anual conjunta com a SBPC e do tradicional simpósio bianual de ensino, as três reuniões tópicas passaram a fazer parte do calendário anual de reuniões da SBF. Pouco mais tarde, foram adicionadas ao calendário as "escolas de verão", cujo nome representaria uma homenagem ao nosso colega ilustre, Jorge André Swieca (a primeira "escola de partículas e campos" realizou-se em São Paulo, em fevereiro de 81). Como secretário geral, Eugênio Lerner fez contatos com a Finep, viabilizando um apoio contínuo às reuniões e revistas da SBF.

Na década de 80, a SBF manifesta-se muitas vezes sobre as políticas do CNPq e da Finep. Há também manifestações sobre questões específicas: crise na Unicamp, situação do CLAF, proposta para uma carreira de técnicos. A eleição de Tancredo Neves proporciona a elaboração de um documento que sintetiza as lutas e o pensamento da sociedade. Como ilustração, vale a pena relacionar os tópicos tratados nesse documento: (1) partipação no processo decisório (estatutos do CNPq, estatutos da Finep), (2) verbas do FNDCT, (3) situação do PADCT, (4) incentivos à pesquisa na carreira universitária, (5) pessoal técnico de apoio à pesquisa, (6) bolsas de pós-graduação, (7) infra-estrutura para a pesquisa, (8) a questão do ensino básico, (9) o desenvolvimento de tecnologias que ameaçam o ambiente e a própria vida. Logo depois a SBF recebe muito positivamente as recomendações da "Comissão Nacional de Reformulação da Educação Superior": autonomia das instituições, reforma do Conselho Federal de Educação, CFE, fortalecimento da pesquisa e da pós-graduação, ênfase na qualidade, avaliação de desempenho com base em critérios bem estabelecidos.

Apêndice 1. Membros fundadores da SBF presentes à assembléia de Blumenau

Carlo Borghi; Eneas Salatti; José Carlos Ometto; Klaus Reichardt; Ivan Cunha Nascimento; Iuda D. Goldman vel Leibman; Bernardo Liberman; Newton de Almeida Braga; Luiz Felippe Perret Serpa; Bela Szaniecki Perret Serpa; Moacir Indio da Costa Jr.; José Keniger; Jacob Schaf; José de Pinho Alves Filho; Rogério Lins; Silvia Helena Becker; Joacir Thadeu Nascimento Medeiros; Milton C. Davison; Artemio Scalabrin; Manoel A. N. de Abreu; Ross Alan Douglas; Sergio Mascarenhas; Yvonne P. Mascarenhas; Cesar Cusatis; Bohdan Matvienko; Ivo Vencato; Vitor H. F. Santos; Hervásio Guimarães de Carvalho; Paulo Henrique P. Domingues; Cecy Schmitz Rogers; José Frinau Kunnath; Claudio Scherer; Roberto A. Stempeniak; Pedro Wongtschowski; Emico Okuno; Jesuina L. de Almeida Pacca; Thereza Borello; Suzana Villaça; Nei Vernon Vugman; Vera Beatriz Peixoto de Freitas; Claudio Rodrigues; Alice Maciez; Alceu G. de Pinho Filho; Roberto Fulfaro; Raul Camilo de Andrade Almeida; Lia Queiroz do Amaral; Marietta C. Mattos; Mauro S. D. Cattani; José David Mangueira Vianna; Yamato Miyao; Pierre Kaufmann; João Antonio Zuffo; Esther Resnik; Paulo Leal Ferreira; Marcello Damy Souza Santos; Carlos B. R. Parente; Admar Cervellini; Jayme Tiomno; Elisa Frota Pessôa; Silvio B. Herdade; Sergio P. S. Porto; Robert Zimmerman; Celso M. Q. Orsini; Igor Gil I. Pacca; Elvé Monteiro de Castro; Jan H. Talpe; José Medina; Hugo F. Kremer; Humberto Sequeiros; Monica de Araujo Penna; Rex Nazaré Alves; Homero Andrade; Olga Y. Mafra; Hélio T. Coelho; Lais Moura; Dagmar C. da Cunha Reis; Fernado Giovanni Bianchini; Ottilia Pinheiro Ribeiro de Castro; Julio Leser; Olacio Dietzsch; Carlos Alfredo Argüello; Nicolao Jannuzzi; Milton Ferreira de Souza; John D. Rogers; Gerhard Jacob; João André Guillaumon Filho; Paulo Ferraz de Mesquita; Laura Furnari; Valdir Casaca Aguilera Navarro; José Antônio

Castilho Alcarás; Marcus Guenter Zwanziger; Luiz Guimarães Ferreira; Kazuo Ueta; José Galvão de Pisapia Ramos; Hercilio R. Rechenberg; Nobuko Ueta; Alinka Szily; Nilce Azevedo Cardoso; Nei F. Oliveira Jr.; Joseph Max Cohenca; Carlos Alberto Savoy; Rachel Gevertz; Eduardo Segre; Rudolph Thom; Fernado C. Zawislak; Beatriz M. M. Zawislak; Celso Sander Müller; Salvador José Troise; José Goldemberg; Talmir Canuto Costa; Helio da Cunha Menezes Filho; Giorgio Moscati.

Apêndice 2. Membros fundadores ausentes de Blumenau

Oscar Sala; Ernst W. Hamburger; Amelia Imperio Hamburger; Alfredo Marques; Ely Silva; Ramayana Gazzinelli; Neyla L. Costa; Harry Gomes; Juarez Tavora Veado; Márcio Quintão Moreno; João Batista da Rocha e Silva; Ivan M. Antunes; Edson Rodrigues; Guilherme Leal Ferreira; Laercio Gondim de Freitas; Milton Soares de Campos; Roberto Leal Lobo e Silva Filho; Zoraide Argüello; Dietrich Schiel; Daltro Pinatti; Virgil Botton; Jacques A. Danon; Ramiro Porto Alegre Muniz; Violeta Gomes; Elizabeth Farrely Pessoa; Vanderlei B. Sverzut; Newton Bernardes; Sergio Costa Ribeiro

Apêndice 3. Diretorias da SBF (1966-1997)

1 - julho de 66 a outubro de 67 (diretoria provisória)
Presidente: Oscar Sala (IFUSP)
Vice-Presidente: Jaime Tiomno (CBPF)
Secretário Geral: José Goldemberg (IFUSP)
Secretário: Alceu G. de Pinho Filho (PUC-RJ; atualmente no IFUSP))
Tesoureiro: Silvio B. Herdade (IPEN; atualmente no IFUSP)
Secretário de Assuntos de Ensino: Ayrton Gonçalves da Silva

2- outubro de 67 a julho de 69
Presidente: José Leite Lopes (CBPF)
Vice-Presidente: Jaime Tiomno (IFUSP; atualmente no CBPF)
Secretário Geral: José Goldemberg (IFUSP)
Secretário: Amelia Imperio Hamburger (IFUSP)
Tesoureiro: Silvio B. Herdade (IPEN; atualmente no IFUSP)
Secretário de Assuntos de Ensino: Antonio de Souza Teixeira Jr. (IFUSP)

3- julho de 69 a julho de 71
Presidente: José Leite Lopes (CBPF; ausente do país)
Vice-Presidente: Jaime Tiomno (IFUSP; atualmente no CBPF); substituido por Alceu G. Pinho Filho (PUC-RJ; atualmente no IFUSP) a partir de julho de 1970
Secretário Geral: Ernst W. Hamburger (IFUSP)
Secretário: Carlos A. Dias (UFBA; atualmente na UENF)
Tesoureiro: Pedro Rocha Andrade (UFRGS)
Secretário de Assuntos de Ensino: Ramayana Gazzinelli (UFMG)

4- julho de 71 a julho de 73
Presidente: Alceu G. Pinho Filho (PUC-RJ; atualmente no IFUSP)
Vice-Presidente: Ernst W. Hamburger (IFUSP)
Secretário Geral: Giorgio Moscati (IFUSP)
Secretário: Carlos A. Dias (UFBA; atualmente na UENF)
Tesoureiro: Olacio Dietzsch (IFUSP)
Secretário de Assuntos de Ensino: Beatriz A. Alvares (UFMG)

5- julho de 73 a julho de 75

Presidente: Alceu G. Pinho Filho (PUC-RJ; atualmente no IFUSP)
Vice-Presidente: Fernando de Souza Barros (UFRJ)
Secretário Geral: Giorgio Moscati (IFUSP)
Secretário: Silvestre Ragusa (IFSC-USP)
Tesoureiro: João André Guillaumon Filho (IFUSP)
Secretário de Assuntos de Ensino: Marco Antonio Moreira (UFRGS)
Secretário Adjunto de Ensino: Luiz F. Perret Serpa (UFBA)

6- julho de 75 a julho de 77

Presidente: José Goldemberg (IFUSP)
Vice-Presidente: Beatriz A. Alvares (UFMG)
Secretário Geral: Eugenio Lerner (UFRJ)
Secretário: Henrique Fleming (IFUSP)
Tesoureiro: João André Guillaumon Filho (IFUSP)
Secretário de Assuntos de Ensino: Ernst W. Hamburger (IFUSP)
Secretário Adjunto de Ensino: Antonio Expedito G. Azevedo (UFBA)

7- julho de 77 a julho de 79

Presidente: José Goldemberg (IFUSP)
Vice-Presidente: José de Lima Acioli (UNB)
Secretário Geral: Luiz Pinguelli Rosa (UFRJ)
Secretário: Olacio Dietzsch (IFUSP)
Tesoureiro: João André Guillaumon Filho (IFUSP)
Secretário de Assuntos de Ensino: Nelson Velho de C. Faria (PUC-RJ; atualmente na UFRJ)
Secretário Adjunto de Ensino: Arthur E. Quintão Gomes (UFMG)

8- julho de 79 a julho de 81

Presidente: Mario Schemberg (IFUSP)
Vice-Presidente: Eugenio Lerner (UFRJ)
Secretário Geral: Luiz Pinguelli Rosa (UFRJ)
Secretário: Francisco F. Torres de Araujo (UFCE)
Tesoureiro: Alfredo Aveline (UFRGS)
Secretário de Assuntos de Ensino: João Zanetic (IFUSP)
Secretário Adjunto de Ensino: José Batista Gomes (UFMG)

9- julho de 81 a julho de 83

Presidente: H. Moyses Nussenzveig (PUC-RJ; atualmente na UFRJ)
Vice-Presidente: Fernando C. Zawislak (UFRGS)
Secretário Geral: Luiz Davidowich (PUC-RJ; atualmente na UFRJ)
Secretário: Silvio R. A. Salinas (IFUSP)
Tesoureiro: Marco Antonio C. G. Moura (UFPE)
Secretário de Assuntos de Ensino: Arthur Eugenio Q. Gomes (UFMG)
Secretário Adjunto de Ensino: Carlos R. Appoloni (UEL)

10- julho de 83 a julho de 85

Presidente: Fernando de Souza Barros (UFRJ)
Vice-Presidente: Francisco F. Torres Araujo (UFCE)
Secretário Geral: F. Cesar Sá Barreto (UFMG)
Secretário: Gil C. Marques (IFUSP)
Tesoureiro: Carlos A. S. Lima (UNICAMP)
Secretário de Assuntos de Ensino: Deise M. Vianna (UFRJ)
Secretário Adjunto de Ensino: Anna Maria P. Carvalho (FE-USP)

11- julho de 85 a julho de 87

Presidente: Ramayana Gazzinelli (UFMG)
Vice-Presidente: Sergio M. Rezende (UFPE)
Secretário Geral: Humberto S. Brandi (PUC-RJ; atualmente na UFRJ)
Secretário: Gil C. Marques (IFUSP)
Tesoureiro: Artemio Scalabrin (UNICAMP)

Secretário de Assuntos de Ensino: Luiz Carlos de Menezes (IFUSP)
Secretário Adjunto de Ensino: Arden Zylbersztajn (UFRN; atualmente na UFSC))

12- julho de 87 a julho de 89
Presidente: Gil C. Marques (IFUSP)
Vice-Presidente: Nelson Studart Filho (UFSCAR)
Secretário Geral: Henrique G. P. Lins de Barros (CBPF)
Secretário: Adalberto Fazzio (IFUSP)
Tesoureiro: Wido H. Schreiner (UFRGS)
Secretário de Assuntos de Ensino: Suzana L. Souza Barros (UFRJ)

13- julho de 89 a julho de 91
Presidente: Gil C. Marques (IFUSP)
Vice-Presidente: Nelson Studart Filho (UFSCAR)
Secretário Geral: José d'Albuquerque e Castro (UFF)
Secretário: Adalberto Fazzio (IFUSP)
Tesoureiro: Wido H. Schreiner (UFRGS)
Secretário de Assuntos de Ensino: Anna M. P. de Carvalho (FE-USP)

14- julho de 91 a julho de 93
Presidente: Fernando C. Zawislak (UFRGS)
Vice-Presidente: F. Cesar Sá Barreto (UFMG)
Secretário Geral: Paulo R. S. Gomes (UFF)
Secretário: Helio Dias (IFUSP)
Tesoureiro: Roberto Jorge V. dos Santos (UFAL)
Secretário de Assuntos de Ensino: Roberto Nardi (UEL)

15- julho de 93 a julho de 95
Presidente: F. Cesar Sá Barreto (UFMG)
Vice-Presidente: Helio Dias (IFUSP)
Secretário Geral: Paulo R. S. Gomes (UFF)
Secretário: Bernardo Laks (UNICAMP)
Tesoureiro: Oscar J. P. Eboli (IFUSP)
Secretário de Assuntos de Ensino: Glória R. P. Campello Queiroz (UFF)

16- julho de 95 a julho de 97
Presidente: F. Cesar Sá Barreto (UFMG)
Vice-Presidente: Carlos H. Brito Cruz (UNICAMP)
Secretário Geral: Paulo Murilo C. Oliveira (UFF)
Secretário: Oscar J. P. Eboli (IFUSP)
Tesoureiro: Antonio M. Figueiredo Neto (IFUSP)
Secretário de Assuntos de Ensino: M. Cristina Dal Pian (UFRN)

Praxis e Logos – Os Dilemas Atuais da C&T

Shozo Motoyama

Centro de História da Ciência, Universidade de São Paulo

Neste findar do milênio, o mundo se debate numa contradição surpreendente. A humanidade nunca, em tempo algum, contou com tanta capacidade produtiva em função dos avanços da ciência e tecnologia (C&T). Mas, também, ao que tudo indica, nunca passou por tanta miséria e destruição. Ao lado de feitos tecnológicos espetaculares, simbolizados pelas naves espaciais como a Columbia, pelos computadores de quinta geração rumo à inteligência artificial e pelos transplantes de órgãos humanos naturais ou fabricados, observam-se, igualmente, as pessoas morando em casebres miseráveis que desabam à primeira enchente, morrendo de doenças perfeitamente curáveis, comendo "o pão que o diabo amassou", enquanto alimentos apodrecem nos silos, "zelosamente guardados". Quando se esperava uma irradiação de solidariedade e fraternidade entre os povos graças aos aperfeiçoamento e disseminação dos recursos tecnológicos de comunicação e de informação, irrompe, ao contrário, uma escalada de violência assassina por divergências de natureza racial, religiosa ou ideológica. Quando se imaginava que, devido à automação e à robótica, o homem poder-se-ia libertar, pela primeira vez na História, da peia angustiante do trabalho pela sobrevivência, para poder se dedicar às atividades mais criativas e prazerosas, o que se vê de fato é uma onda de desemprego e sub-emprego, lançando milhões de trabalhadores ao desespero. Existe algo de podre, não no reino da Dinamarca, como já escrevia o genial poeta do século XVII, William Shakespeare, porém no planeta Terra.

Esse é um dilema moderno. Porque criaturas que têm poderes tão potentes como os dos deuses da Grécia Antiga não conseguem encontrar soluções para tais problemas, pequenas questiúnculas ante o seu enorme potencial de conhecimento? Donde vem tanta ganância, egoísmo e ira? Evidentemente, a resposta não é fácil. Todavia, uma coisa é certa. Uma das razões fundamentais desses descalabros está no desajustamento da mentalidade humana à nova ordem dos fatos trazida pelo desenvolvimento científico e tecnológico. A característica mental ainda vigente é a do século XIX, enquanto a realidade do século XX caminha célere para uma nova etapa civilizatória a exigir uma cultura radicalmente diferente. Em outras palavras, ao tempo que a ciência descortina uma nova visão da natureza e a tecnologia fornece novas formas de atuação sobre a mesma, a prática, principalmente econômica, é ainda regida pelos velhos paradigmas de Adam Smith, Ricardo, Marx e outros. É essa defasagem entre o logos e a práxis, um dos motivos essenciais da tragédia contemporânea.

Outro motivo, igualmente essencial, está no desprezo pelas lições da História. O homem contemporâneo, sempre apressado, parece não lembrar-se que vive imerso num processo de caráter histórico, onde os fatos não são simplesmente sincrônicos, mas basicamente, diacrônicos. Nesse sentido, na imensa maioria dos casos, as análises destituídas de perspectiva histórica são errôneas. Infelizmente, as discussões atualmente candentes sobre a relação entre o desemprego e a tecnologia sofrem exatamente desse mal. Por exemplo, é óbvio que a automação provoque a diminuição de trabalhadores na empresa onde foi introduzida, porquanto ela substitui com vantagem, naquele serviço, a atuação humana. Contudo, abre, também, as possibilidades de novos empregos ligados à confecção de computadores, à produção de hardware e de software e de serviços anteriormente inexistentes propiciados pela utilização dessa nova modalidade de trabalho. Mais importante, abre caminhos inteiramente novos de atividade humana, como a computação gráfica e a multi-mídia. Por isso, a persistência do desemprego deve ser remetida a outros fatores além da inovação tecnológica propriamente dita. De toda forma, nessa situação de emprego de uma tecnologia inédita, estabelecem-se relações sociais e econômicas mais complexas do que as anteriormente válidas.

Essa complexificação da sociedade pela utilização de novas tecnologias é um fato notório na História. Por exemplo, a modernização da produção de tecidos de algodão, atriz principal da Revolução Industrial, significou a ruína dos artesãos que se dedicavam a esse tipo de atividade através da fabricação doméstica. Mormente, a introdução do tear mecânico de Edmund Cartwright (1743-1823), em 1784, reduziu em metade as despesas com pessoal. Isso provocou desemprego em massa, e a fábrica de Cartwright, com 500 novos teares, foi incendiada e destruída por uma multidão enfurecida. Entretanto, com o correr do tempo, o número de fábricas do tipo moderno aumentou explosivamente, criando novos empregos. Assim, em Manchester, em 1782, eram apenas 2 os estabelecimentos equipados com o novel aparelho de fiar "mula" de Samuel Crompton (1753-1827), movidos a máquina a vapor. Todavia, no ano de 1802, portanto, somente 20 anos depois, havia subido para 52 o número de fábricas do mesmo tipo.

O aumento não era apenas quantitativo, mas qualitativo. Os artífices, criados dentro da velha tradição artesanal, não davam mais conta da nova realidade de trabalho. Esta requeria trabalhadores mais especializados e instruídos. A época clamava pela formação de engenheiros, cientistas, pesquisadores, financistas, administradores, economistas, torneiros mecânicos, ferramenteiros e outros. Para fazer frente a esses reclamos, a sociedade se organizou em novos moldes educacionais. Surgiram universidades, como as de Edimburgo e Glasgow, nas quais estimulavam-se os estudos em ciência e técnica, muito diferente das tradicionais caracterizadas por Oxford, Cambridge e Paris. Formaram-se associações como a Lunar Society de Birmingham e Philosophical Society de Manchester, onde banqueiros, mercadores, comerciantes, nobres, cientistas, inventores e engenheiros discutiam o estado de arte da seara tecno-científica, para elaborarem projetos tecno-industriais. Criaram-se instituições destinadas à difusão de conhecimento científico e técnico, como Conservatoire de Arts e Metiéres e Royal Institution. Fundaram-se escolas de engenharia, bem simbolizadas pela Escola Politécnica de

Paris. Improvisaram a própria oficina como a de Mattew Boulton (1726-1809) e James Watt (1736-1819) em Soho (Birmingham), para preparar os mestres de obras e operários especializados. Enfim, todo um novel sistema educacional voltado para a nova realidade profissional foi impulsionado e implementado.

As mudanças estruturais não se restringiram tão somente ao setor educacional. Muito pelo contrário. Elas se espalharam por todos os outros setores da sociedade, transformando-a completamente. De fato, para poder escoar a sua produção cada vez maior, os países industriais tinham de encontrar novos mercados. Para poder suprir as matérias-primas necessárias em quantidades cada vez crescentes, eles tinham de esquadrinhar cada palmo de terra para procurar substâncias outrora desprezadas. Para poder transportar os produtos industrializados e as matérias-primas, sobressaía a necessidade de implantar uma rede eficiente de transportes. Para gerir o capital cada vez mais acumulado, tornava-se urgente constituir um sistema bancário e financeiro moderno. Mesmo os setores da burocracia governamental tinham de adquirir uma tonalidade consentânea com os tempos industriais. Em conseqüência, novos laços de dominação foram estabelecidos numa forma diferente de colonialismo, novas expedições exploradadoras deram volta ao mundo chegando aos pólos Norte e o Sul, as ferrovias se estenderam por todo o globo, os navios a vapor singraram os sete mares e enormes conglomerados financeiros como o de Rotschild dominaram o cenário do Século XIX.

Todas essas transformações podem ser associadas, igualmente, ao caso da introdução da máquina a vapor no setor de transportes. Sem dúvida, a máquina a vapor de Watt foi uma das maiores inovações técnicas do período, fornecendo uma nova fonte de energia, barata, estável e confiável, sem a qual a Revolução Industrial não poderia ter atingido a dimensão que tomou. Assim, ela foi decisiva na expansão do capitalismo nos anos mil oitocentos, graças à locomotiva "Rocket", inventada pelo George Stephson (1781-1848) que possibilitou a difusão espetacular de ferrovias. A máquina a vapor foi adaptada, igualmente, aos navios, resultando na conhecida viagem de Robert Fulton (1765-1815) no rio Hudson. Porém, no seu início, essa forma inaudita de transporte provocou o desmantelamento do sistema anterior trazendo uma onda de desempregos, seja de condutores de diligências, seja de marinheiros e de outros profissionais relacionados com o setor. Todavia, com a expansão da rede ferroviária que cresceu admiravelmente, muito mais pessoas ficaram empregadas, embora em ofícios completamente diferentes daqueles da morosa e ineficiente forma antecedente de transporte. Obviamente, todas essas alterações tiveram altos custos sociais. Cansados de serem explorados, os trabalhadores lutaram e se organizaram para reivindicar os seus direitos. Nesse processo, conseguiram a jornada de 8 horas diárias, uma grande conquista, se levar em conta que antes tinham de labutar cerca de 15 horas por dia. É importante notar que a capacidade produtiva da humanidade, a esse tempo, tinha progredido o suficiente para arcar com a redução de quase metade da sua jornada de trabalho.

Como se vê, a relação entre o desemprego e a tecnologia não é tão simples como poderia parecer à primeira vista. Ela só pode ser entendida dentro do contexto mais amplo da complexificação da sociedade. Desse ângulo, a idéia de tornar os empregos em subempregos, pagando pior e sem garantia de benefícios sociais, é altamente perniciosa, indo inclusive contra a maré da História. Já é tempo de se pensar em outras formas de atuação possibilitadas pela capacitação produtiva e o potencial de conhecimento existente na complexa sociedade contemporânea. Certamente, em tal contexto, a formação de recursos humanos suficientemente preparados para poder fazer frente aos desafios econômicos e culturais do terceiro milênio, deve vir em primeiro lugar. Em outras palavras, como sempre, a prioridade deveria estar na educação, numa educação séria, mas flexível e dinâmica. Assim preparada, a humanidade poderia lançar-se a novos empreendimentos, inclusive cósmicos, rumo a um novo estágio da sua civilização. Não é que essa mudança de paradigmas não esteja ocorrendo. Ela se processa inexoravelmente, ainda que lentamente. Os seus reflexos podem ser notados, por exemplo, em várias atividades artísticas, inclusive no cinema e na história em quadrinhos. Filmes como *Robocop* ou *Jornada nas Estrelas* exploram ângulos até antagônicos do avanço da C&T. Do mesmo modo, os "comics" de novo estilo difundidos pela *Heavy Metal*, refletem um imaginário contemporâneo completamente diferente do de meio século atrás, exatamente por incorporar os resultados efetivos ou fictícios do desenvolvimento técnico-científico.

Por seu turno, alguns intelectuais e cientistas de mente mais aguçada têm feito tentativas de caráter filosófico e ontológico com o fito de delinear uma nova visão do mundo e da natureza. Um dos mais privilegiados referenciais é a Mecânica Quântica, talvez a mais misteriosa e incompreendida das ciências. Contudo ela é também a mais bem sucedida nas aplicações tecnológicas, tendo a seu favor incontáveis conquistas no setor. Não obstante ter sido formulada para os fenômenos atômicos, ela igualmente tem alcance, juntamente com a teoria da relatividade, no esclarecimento dos processos cósmicos, pois as partículas atômicas e sub-atômicas viajam no espaço sideral até os confins do Universo. Dessa forma, Shoichi Sakata, um dos mais criativos físicos japoneses, propôs uma natureza pulsante composta de camadas qualitativamente diferentes relacionadas de modo dialético. Fritjof Capra, o indiano, imagina um Cosmos dançante resultante da vibração dos átomos e moléculas, uma verdadeira dança da deusa Shiva. Essas duas idéias, novas em muitos aspectos, têm ainda os seus alicerces em filosofias já conhecidas: o materialismo dialético e o taoísmo, respectivamente. Mais inquietantes são as idéias de Jacques Monod ou de I. Choklowski. Para o primeiro, renomado especialista em biologia molecular, a natureza não passa de um resultado do acaso e da necessidade. Nesse sentido, o ser vivo, como bem resumiu outro notável biólogo molecular, François Jacob, é resultado de "um plano, mas plano que nenhuma inteligência concebeu; tende para um fim, porém um fim que nenhuma vontade escolheu". É apenas um processo natural. Já Choklowski adota um ponto de vista oposto. Trabalhando no campo da astrofísica, da exobiologia e da astronáutica, encara a natureza como a própria razão no caminho da harmonia cósmica. Com isso concordam astrônomos como Carl Sagan e intelectuais como Jacob Bronowski, para quem, "nosso destino é o conhecimento". Apesar de contraditórios e incipientes, esses esforços tem a direção certa –

caminham para novas filosofias inspiradas no conhecimento científico do Universo.

Essas filosofias cósmicas certamente estarão por trás do comportamento dos homens do século XXI, subvertendo completamente a ordem de valores existentes atualmente. Assim, os conceitos modernos de poder, riqueza e moral serão questionados, fazendo emergir outras interpretações dos mesmos, mais ajustados à realidade ecológica e à harmonia do Cosmos. Todavia, hoje em dia, essas idéias filosóficas são ainda abstratas e não estão difundidas pela sociedade como uma verdade palpável. O que está faltando são homens práticos capazes de traduzirem esses pensamentos abstratos em ações concretas. São necessários políticos corajosos que tomem a iniciativa de começar a colocar em prática a política do próximo milênio. Precisam-se de empresários que tenham outra visão sobre a questão de lucros, de acumulação de riqueza, de competitividade, enfim, dos processos econômicos em geral. Requerem-se trabalhadores que encarem o trabalho, o salário e o lazer de um modo mais criativo, com objetivos mais sociais. Só num contexto assim, onde o logos e a práxis se unem harmoniosamente, a C&T poderão cumprir a contento a sua função de construtores de bem-estar social. Doravante, as portas estarão abertas para as grandes aventuras cósmicas da humanidade.

Dando a Mão à Palmatória: Um Ensino de Ciência Relevante para Todos (Repensando um Currículo para a Alfabetização Científica)

Susana de Souza Barros

Instituto de Física, Universidade Federal do Rio de Janeiro

> *"se você pensa que a educação*
> *é dispendiosa atente para a*
> *ignorância"*

1. Introdução

Hoje, mais do que nunca, a contribuição geral da educação deve ser a de dar relevância ao mundo em que vivemos. No Brasil e no mundo contemporâneo a educação também deve ser cada vez mais pensada como uma questão de cidadania.

Nesse cenário em que a ciência e a tecnologia ocupam um espaço cada vez maior no cotidiano das pessoas, tanto no individual como no coletivo, os futuros cidadãos devem estar preparados para compreender melhor as conseqüências do uso das tecnologias para seu bem estar e qualidade de vida. Daí a importância do papel da educação. Nesse jogo de interesses cívicos, tanto a educação formal (escola), como a informal (família, mídia, museus, material paradidático, centros culturais etc.) têm função importante a desempenhar.

A influência crescente das ciências e da tecnologia, com seu poder de transformar as nossas concepções e a nossa vida, impõe a melhoria qualitativa da educação científico-tecnológica, hoje menosprezada, como um dos elementos chave da cultura geral do cidadão, de modo a prepará-lo para sua integração ao mundo e a capacitá-lo para a necessária tomada de decisões, quando solicitado[1].

Os diagnósticos sobre a educação, hoje muito em moda a partir da avaliação no nível macro da escola, apontam para soluções que passam por um amplo espectro de processos, procedimentos e metodologias, que levam em consideração vários aspectos correlacionados: os currículos e a seleção dos conteúdos (parâmetros curriculares?); os aspectos psico-cognitivos, as condições em que se dá o ensino/aprendizagem; a descrição de habilidades e competências esperadas; os aspectos epistemológicos, históricos e metafísicos do conhecimento; as formas de comunicação e o uso de novas tecnologias[*]; a formação do professor e sua

---

[*] Gostaria ainda de fazer um comentário pertinente quanto à contribuição das novas

adequação à heterogeneidade do educando e da educação; o domínio de formas de avaliação; a nova escola e os novos materiais didáticos, dentre as variáveis que podem ser identificadas e de alguma forma controladas. Assim, entre as conclusões para a solução de como deve se dar uma educação relevante, aparece, cada vez com maior freqüência, a proposta específica de se iniciar o ensino de ciências mais cedo, resguardando o nível de raciocínio próprio de cada idade. Os programas curriculares, as formas e especialmente as condições em que essa instrução se dá passam pela formação do professor, do pré-primário ao universitário, e precisam ser drasticamente repensados.

De pouco ou nada estarão servindo os cursos de ciência oferecidos na escola se não contribuírem basicamente para a compreensão de como a ciência opera e do papel da ciência na própria cultura e na sociedade. A evidência desse fato tem sido observada através de estudos sobre a alfabetização científica dos adultos *educados*, que não tendo *utilizado* os recursos básicos de sua *escolarização científica*, deixam de se interessar pela ciência, com a conseqüente perda cultural, que chega a criar um abismo de desinteresse[2]. Hoje, mais do que nunca, uma grande parcela da população mundial não compreende (e também não se interessa!) a ciência, nem seu potencial para o desenvolvimento social e econômico.

Quando olhamos mais especificamente para as conseqüências culturais do atual ensino de física, configura-se um quadro bastante deprimente. A maioria dos adultos escolarizados declara, com "horror", ter passado por aulas e estudos(?) tediosos, cansativos e... desnecessários. Os alunos finalizam a escola secundária, após três anos de estudos de física, sem a compreensão dos seus fundamentos fenomenológicos e metodológicos, e também sem sequer ter discutido aspectos aplicados de interesse social como materiais nucleares, efeito das radiações, aquecimento global, comunicação e informática, transporte e trânsito, recursos energéticos alternativos entre tantos outros.

Sem deixar de lado a importância de preparar o futuro cientista - e esse problema está bem melhor equacionado - o que interessa, neste momento, é repensar os cursos para a maioria dos educandos que não serão os futuros cientistas e/ou tecnólogos. Muito especialmente para aqueles que contribuirão para a educação básica, tanto na escola primária como na secundária. Esses cursos, quando oferecidos, assemelham-se muito àqueles oferecidos para os futuros físicos e isso deve e pode ser modificado, repensando os currículos e fazendo uso dos ensinamentos oriundos dos resultados da pesquisa educacional em ensino de física. Existem, hoje em dia, formas de oferecer um ensino de ciências relacionado aos problemas que a sociedade enfrenta - e tem dever urgente de solucionar - e que *poderiam* contribuir para aumentar o interesse dos alunos e ao mesmo tempo

---

tecnologias. É hoje muito freqüente ouvir as autoridades educacionais, em todos os níveis, falar do uso do computador, infovias (Internet), vídeo, TV, como panacéia universal para o resgate da educação. Nem um, nem 10^5, nem 10^6 computadores serão suficientes *per se* para modificar o quadro da educação atual, quadro expressivo de falta de cultura institucionalizado (leitura, diálogo, formação do professor, programas adequados e condições de uma escola operante). Quando estes aspectos forem atendidos, então sim, as tecnologias terão participação ativa na melhoria da educação.

melhorar o nível e qualidade da compreensão da *ciência*, dos seus *processos* e da sua *natureza*.

2. Qualitativo vs. Quantitativo: Novos Enfoques para Novas Realidades

Os enfoques que priorizam os aspectos conceituais[*] e trabalham a fenomenologia da física (seria este um dos *elos perdidos* da educação atual??) têm que ser resgatados - mantendo-se o formalismo e a matematização nas fronteiras do necessário[**] - e podem ser desenvolvidos através de tópicos relacionados com ciência e tecnologia de interesse social e cultural. Esses enfoques são importantes tanto para os estudantes de ciências como para aqueles que não se encaminham para carreiras científicas.

Diversos estudos realizados em pesquisas na área de ensino de física universitária verificaram que, mesmo os próprios estudantes de física acabam seus cursos introdutórios com pouca fundamentação dos conceitos físicos. A ênfase pelo estudo formal muitas vezes fica reduzida à memorização/manipulação de equações e poderá permitir que o aluno responda aos problemas quantitativos solicitados, mas diversos estudos mostram que esses mesmos estudantes muitas vezes não respondem a simples questões qualitativas, relacionadas à fenomenologia dos princípios fundamentais[***].

Uma das recomendações oriundas da Pesquisa em Ensino de Física é que tanto a escola secundária como a primária modifiquem radicalmente seu ensino tradicional (e aparentemente inócuo!), oferecendo um ensino da ciência *qualitativa e fenomenológica* para todos os estudantes, independentemente do futuro profissional escolhido. Os tópicos curriculares selecionados deveriam ser pensados com bastante cuidado para ser de *valor* para o estudante, sem necessariamente discriminar seus futuros interesses. Assim, deveríamos responder com honestidade algumas perguntas quase ingênuas: para que serve que o aluno saiba quanto tempo leva uma bola para cair de uma dada altura ou que passe um semestre ou dois *martelando* as equações da cinemática da partícula, ou aprendendo a somar

---

[*] Ao longo dos últimos 30 anos houve muitas tentativas inteligentes de introduzir um ensino de física relevante e fenomenológico, tanto para a escola secundária como para os cursos universitários introdutórios. Dentre alguns dos bons exemplos poderíamos mencionar: *Physics for the Enquiring Mind* (Eric Rogers); *Physics: A Spiral Approach* (A. Baez); *Physics for Poets* (M. Pollard); *Physical Sciences for Non Science Students* (Stony Brook). Dentre os vários projetos para a escola secundária desenvolvidos em muitos países, *Harvard Project Physics* nos USA, *Nuffield Project* (Inglaterra) e muitos outros desenvolvidos em diferentes épocas pela UNESCO. No Brasil houve o Projeto de Ensino de Física (PEF) e mais recentemente o GREF, ambos do Instituto de Física, USP.

[**] Quero deixar claro que não advogamos o ensino "sem dor" da física.

[***] Um teste diagnóstico, preparado com base em um inventário conceitual, levantado a partir da pesquisa em ensino de física[3], que relaciona os fundamentos básicos dos conceitos força-movimento, foi aplicado a estudantes secundários e universitários em diversos países. As dificuldades conceituais apontadas foram bastante semelhantes nos diversos universos pesquisados[4-6, entre outros]

vetores, ou, muito pior, *gaste* semanas tentando transformar temperaturas da escala Celsius à escala Farenheit (e/ou vice-versa), quando se observa que, chegando à universidade, esse mesmo estudante encontra dificuldades para utilizar linguagens básicas e simbólicas de forma significativa e ainda existe uma parcela razoável de estudantes que pensa, intuitivamente, que "a temperatura é uma medida do calor..."

O que os estudantes deveriam saber é *como* funciona a ciência e desenvolver conceitos sobre sua natureza, *poder discutir e pensar sobre* assuntos de ciência e tecnologia relacionados à sociedade e *compreender conceitualmente* aspectos do universo, da natureza e suas inter-relações. Dessa forma estariam motivados para dar continuidade a sua educação permanente ao longo da vida e teriam prazer e curiosidade em receber/procurar as informações que estão cada vez mais disponíveis para todos.

Não estamos propondo aqui que se abdique do ensino de física, ou que se abandone o ensino dos fundamentos da *ciência pura*, mas apenas propondo que sejam feitas escolhas curriculares cuidadosas[*], de tópicos relacionados às tecnologias que impactam a sociedade, que precisam dos fundamentos e princípios da física para sua compreensão e que, pela sua relevância, motivam o aluno a engajar-se com o próprio estudo desses conteúdos científicos de forma atuante e significativa.

3. Exemplos

A título de exemplo mencionaremos alguns assuntos que podem contribuir para trabalhar aspectos da física interessantes e importantes para a formação do futuro cidadão. Um dos tópicos sobre o qual precisamos todos refletir para tomada de decisão e comportamento individual, o *aquecimento global*, permite discutir/compreender alguns dos problemas que a sociedade enfrenta através da sua ecologia ameaçada:

- efeito da revolução industrial nos ecossistemas
- riscos de soluções tecnológicas ou os problemas de hoje que foram as soluções de ontem
- efeito do aquecimento global nas atividades do ser humano e a biodiversidade
- produção de alimentos
- caracterização de problemas da ecologia global
- uso de combustíveis fósseis e redução de emissão de CO_2 na atmosfera
- soluções tecnológicas ou políticas?

Para poder desenvolver esses projetos o estudante precisará aplicar alguns conceitos científicos básicos relacionados com:

- o espectro electromagnético
- a composição química da atmosfera

---

[*] Nos currículos atuais a física moderna é excluída ou pessimamente apresentada, os problemas são pouco realistas, ultrasimplificados, não existe unidade, o conhecimento aparece fragmentado e as tecnologias modernas não são utilizadas para resolver as dificuldades de aprendizagem que os alunos apresentam[7].

- as transformações de energia
- os fluxos de energia
- processos de absorção e emissão de radiação
- medidas da temperatura da Terra
- modelagem
- a medida da temperatura atmosférica ao longo dos últimos 200.000 anos
- a medida do conteúdo de dióxido de carbono na atmosfera

Dentre muitos outros assuntos que podem ser incluídos num programa de física e que abrem oportunidades para discutir conceitos fundamentais num curso assim estruturado, mencionamos um exemplo da maior importância para a vida cívica do País: *o problema do trânsito*[*], que permite trabalhar conceitos da dinâmica - leis de Newton - a cinemática linear e circular, os princípios de conservação de momento e energia, conceitos de probabilidades e logística etc.

Outros assuntos que se prestam a discussão proveitosa:
- buraco de ozônio
- centrais de energia
- fontes de energia alternativa
- transformação eficiente de energia
- os mitos (OVNIs, astrologia, práticas medicinais mistificantes)
- a robótica e a sociedade
- a conquista do espaço

Estes tópicos despertam a motivação, a imaginação e a curiosidade dos estudantes, fornecem bons exemplos de metodologia científica na solução de problemas e preparam os futuros cidadãos para exercer sua função crítica na sociedade.

4. Conclusões

Poderíamos pensar quais as "seqüelas educacionais" de um curso de física assim repensado, caso aceitemos que o tópico científico de maior relevância e que poderia/deveria ser tratado em profundidade num curso introdutório é a própria *metodologia científica*, tema que certamente extrapola o puro interesse acadêmico e que poderá vir a ser parte definitiva da ecologia mental dos educandos. Devemos lembrar que a grande contradição de hoje é que convivemos, por um lado com um mundo de conhecimento racional científico, com avanços que não sonharíamos atingir 50 anos atrás, e pelo outro lado, com as formas irracionais como este conhecimento é utilizado: esoterismo, astrologia, ET's, etc.[8].

Pensando como fazer melhor para o próximo milênio e a partir de hoje, devemos pensar no ensinamento mais importante da ciência: *Todas as idéias científicas podem ser submetidas à experiência e podem ser desafiadas através do pensamento crítico racional*. Sendo tão simples e aparentemente tão difícil de

---

[*] As estatísticas brasileiras indicam que o número de mortes/ano no trânsito (~7.000 em 1996) é maior que o total de baixas americanas na guerra de Vietnam.

operacionalizar, a receita pede apenas flexibilidade do pensamento, observação do mundo real e... raciocínio.

Arriscando o uso de lugares comuns ou mesmo de ser acusada de "alienígena", fazemos nossas as recomendações apresentadas no documento da AAAS (American Association for the Advancement of Sience), *Science for All Americans*, 1990:

i) a necessidade de alfabetização científica para todos;

ii) uma escolha de conteúdos que auxiliem o cidadão à participação ativa e inteligente em decisões políticas e sociais;

iii) um ensino que tenha fundamentos nas questões filosóficas universais e

iv) a compreensão de como a ciência opera.

Referências

1. Gil Perez, D. *Proposiciones para la Enseñanza de las Ciencias de los 11 a 14 Anos*, Montevideo, UNESCO, 1996.
2. Shamos, M.A, *The Myth of Scientific Illiteracy*, N.J., Rutgers University Press, 1995.
3. Hestenes, D.; Wells, M.; Swackhamer, G. "Force concept inventory", *The Physics Teacher*, v. 30, March 1992.
4. Mazur, E. "Quantitative vs qualitative thinking: are we teaching the right thing?", *International Newsletter on Physics Education*, IUPAP N° 32, April 1996.
5. Souza Barros, S.; Gomes Rezende, F. "Curso de Introdução à Física desenvolvido a partir de um estudo das dificuldades conceituais de calouros universitários", *V Encontro de Pesquisa em Ensino de Física*, SBF, Águas de Lindóia, setembro 1996.
6. Guidoni, P.; Porro, A.; Sassi, E. "Force-motion conceptions: a phenomenological analysis of questionnaires submitted to freshem physics majors", in C. Bernardini, C. Tarsitani and M. Vicentini, eds., *Thinking Physics for Teaching*, New York, Plenum Press, 1995.
7. Resnick, R. "Retrospective and perspective", in J. Wilson, ed., *Conference on the Introductory Physics Course*, New York, John Wiley and Sons, Inc., 1997.
8. Hobson, A. *Bull. Sci. Tech. Soc.* **16**(1-2), 1996.

Boltzmann and the Luebeck Meeting of 1895: Atomism, Energetism and Physical Theory

Antonio Augusto P. Videira* e
Antonio Luciano L. Videira**

*Departamento de Filosofia, Universidade do Estado do Rio de Janeiro;
** Departamento de Física, Universidade de Évora, Portugal

1. Introduction

The final years of the 19th century saw the birth of new discoveries in science - specially in mathematics and in physics - that radically altered the hitherto dominating paradigms of scientific thinking. In mathematics, the deep queries of Cantor and of Dedekind, addressing the central question of the continuum, of infinite sets and of transfinite numbers, led to a reformulation of the axiomatic foundations, as well as of the logical structure of the whole body of mathematics by Fregge, by Hilbert, and by Russell. In physics, the entirely new problems brought by the findings of Hertz (in the eighties) and of Roentgen (in 1895) concerning the electromagnetic radiation, the related questions of black body radiation and of the spectra of chemical elements, together with Becquerel's discovery (in 1896) of the spontaneous emission of "uranic rays" by uranium and with the appearence of the first evidence of the atomistic constitution of matter (with the discovery of the electron by J.J. Thomson in 1897), gave unequivocal indications of the unavoidability of the introduction of radical changes and revolutionary innovations in the description of natural phenomena.

The unfolding of new realms, not directly accessible to sensorial experience, such as transfinite numbers, infinite sets, parallel logics, X-rays, radioactivity, electrons and the like, introduced a deep and severe strain into the increasingly interlocked worlds of mathematics and physics. What directly concerns us here, however, is the rebirth of several critical movements - issued from and prompted by the new needs posed by all these disturbing and exciting scientific findings, which, surpassing the strict objectives and goals of science and as relevant as they were, reached into the domains of fundamental philosophical inquiry. It was perceived then that questions as: "what are the roles played in science by the set of admitted hypothesis (postulates or axioms)" or "what is the role of the accepted axiomatic basis in the determination of the relevant experiments to perform", transcended the strict domains of science, pertaining, instead, to the field of philosophical/epistemological inquiry. By itself, this explains and justifies why some of the most creative minds of the time resolutely committed themselves to the analysis of the interrelationship between the different new scientific issues which had come forth in the last quarter of the nineteeth century; which analyses, in turn, inevitably led to the unchartered areas of philosophical thought and epistemological questioning. Maxwell in England, Helmholtz and Hertz in Germany, Mach and Boltzmann in Austria, and Poincaré and Duhem in France[1], just to mention some of the most representative members of the scientific community, proved to be remarkably adept to the kind of reasoning best characterized as epistemological, rather than as purely scientific. All of them placed their most profound thinking at the very frontier between, on one hand, the requirements, the purposes and the results of physics, and, on the other hand, on the general questions and basic tenets of philosophy.

Actually, the most eminent European physicists of the second half of the last century should not be understood as strict scientists in the modern sense - in their majority quite estranged from philosophical enquires - but rather as scientist-philosophers, whose work can only be properly grasped as jointly encompassing the physics and the epistemology involved. Notwithstanding this, even if they were convinced of the need of discussing the epistemological implications and constraints of science, their philosophical interventions were explicitly addressed to an audience of other scientists-philosophers like themselves: the epistemological issues raised by them were meant to be exclusively discussed inside the safe and reasonable walls of a restricted forum, wherein only *bona fide* and well established members were admitted. Scientists are rarely at ease in their interactions with professional philosophers, feeling unconfortable, more often than not, with both the specialized reasoning and the specialized language employed by the latter, besides never being entirely capable of putting aside their ever present doubts about the real grasp of scientific issues by outsiders (i.e., all those, including scientists, who do not really belong to the restricted circle accessible to just a few chosen ones). Accordingly, philosophers and historians of science - including even those who had acquired professional scientific training - were, and still are, left to discuss, often nearly the same questions, among themselves. This, in spite of the well established influence of philosophers on the generation of scientific theories, and of the reciprocal well recognized influence of scientists on the unfolding of philosophical ideas[2].

2. Scientific Theories as Representations of the World

The final years of the last century brought to science an unsettling lack of certainty of what should be the ultimate true content and designs of a scientific theory. It was understood then - and forcefully expressed by the main core of the physicists' community of the time, in personal gatherings at scientific meetings and through exchanges in professional journals, - that the fast changing needs, roles and language of the theoretical explanations brought about the need to revise what ought to be the essential criterions in deciding whether a given scientific theory should be considered as good or not. There were, *grosso modo*, two major mutually opposed epistemological conceptions competing for approval inside the scientific community: one asking whether a physical theory ought to describe only what is observed to occur in nature, the other asking whether a physical theory should try to formulate true explanations of natural phenomena (e.g., as asserted by the correspondence theory of truth).

One of the most important presumptions of the first line of thought concerned the (scientific and epistemological) impossibility of attaining the ontological level responsible for the world as it effectively is. In other words: is phenomenology - as defined by Mach[3], Kirchhoff[4] and Duhem[5] - the true ideal of all scientific theories?

Concerning the second point of view, Maxwell first, and then Hertz and Boltzmann, answered by the affirmative, since they did not conceive to be possible that any physical (or, for that matter, any scientific) theory could attain the ontological level of nature. No physical theory - no matter how well formulated - could decisively and definitely decide the true essence or the ultimate constituents of physical reality, being utterly impossible, therefore, to make any useful statement as to why physical reality is as we perceive it to be. For the three of them (as they often repeated), a scientific theory is no more than a representation of a given set of natural phenomena: *Analogy* for Maxwell, *Bild*, *Vorstellung* or *Darstellung* for Boltzmann and Hertz. Concerning specifically the phenomenology developed by Gustav Kirchhoff, Boltzmann wrote the following words (which, however, can be applied to all other types of epistemological theories and even to all concepts and words used in common life):

> *The differential equations of mathematico-physical phenomenology are evidently nothing but rules for forming and combinig numbers and geometrical concepts. And these in turn are nothing but mental pictures from which appearances can be predicted. Exactly the same holds for the conceptions of atomism, so that, in this respect, I cannot discern the least difference. In any case, it seems to me that of a comprehensive area of fact we can never have a direct description, but always only a mental picture. Therefore we must not say, with Ostwald, 'Do not form a picture', but merely 'include in it as few arbitrary elements as possible'.[6]*

We encounter here an idea already forwarded by Kant in his epistemological writings, but, which, apparently - as Boltzmann himself repeatedly stressed in several occasions[7] - was either unknown to, or had been forgotten by, the scientific community. According to him, it was due to Maxwell's efforts - whom at the time was developing his electromagnetic theory - that this representational aspect of *all* scientific theories was brought to the attention of the physics community. Boltzmann first heard of this thesis during his student times at the gymnasiumn in Linz, where his philosophy teacher, Robert Zimmermann, had written a book specially dedicated to that educational level. In his book[8], Zimmermann, strongly influenced by Kant, Hermann Lotze and Johann Herbart, exposed and defended a doctrine which "emphasized that the gulf between human thought and objective reality can only be crossed indirectly through mediating subjective mental representations (*Vorstellungen*). It asserted that our knowledge of sensible reality is at best one step removed from the 'really real'; that we are intrinsically limited in what we can know of the external world; and that, ultimately, we can never be absolutely certain that the content and form of our representations exactly correspond to the content and form of the reality behind the appearances we have access to."[9]

During that period, Boltzmann carefully read Zimmermann's work under the latter's own guidance. And this influence proved to be so lasting and decisive that later, at the University of Vienna, - where Boltzmann enrolled, between the years of 1863 and 1867, as a student of physics and mathematics, he attended ten philosophy courses, several of which proffered by Zimmermann himself.

The epistemological differences between the phenomenological and representational modes of doing science - neither of which can attain the ontological level of the world - will become apparent later on in Maxwell's and Boltzmann's positions on these issues. Actually, Helmholtz had already stressed[10] that a model - a term designating a conceptual structure that has not yet attained the level of a full-bodied theory - should be considered as merely a temporary and not fully adequate *ersatz* to a complete and permanent theory. And this, the establishment of well-formulated, complete and true - that is, permanent - theories, ought, ideally, to be the ultimate goal not only of physics, but of science in general.

For Maxwell, a true theory of electromagnetism should be formulated upon a mechanical, or, as he preferred to say, upon a dynamical foundation. In his work, Maxwell determinedly employed the Lagrangian formalism of analytical mechanics, based on a state function defined over a formal n-dimensional space of configurations (the number n of dimensions varying from system to system). This formulation did not allow, however, the establishment of a direct correspondence between the electromagnetic theory built upon this "abstract" framework and the "real" mechanical constituents of the three dimensional world. Of course, neither Maxwell nor anyone else since has been able to formulate a description of the electromagnetic phenomena on a strictly mechanical basis.

The same belief on the fruitefulness of an analytical mechanics description of physics was upheld by Boltzmann, who, following Maxwell's own work on the subject, established his epochal work on the kinetic theory of gases on a statistical mechanics basis (known since then as Maxwell-Boltzmann statistics). Like Maxwell, the Viennese master never abandoned his deep conviction that the analytical formulation of mechanics - either on the Lagragian or on the Hamiltonian formulation (based on the so-called phase space, with twice the number of dimensions of the configuration space) - should be the basis of all good physical theories. That this is so is abundantly demonstrated, according to Boltzmann, by analytical mechanics own history of fertile contributions to other areas of physics (Boltzmann gave the examples of acoustics and optics); that is, analytical mechanics was, indeed, a fruitful theory. How fruitful it would prove to be for the development of physics during our century he could never have foreseen, however. Both the eletromagnetic and gravitational fields admit a classical Lagrangian formulation. But, while the first of these fields has long since been modeled by a quantum representation, the gravitational field, formulated in terms of Einstein's general theory of relativity, has, up to now, defied all attempts of attaining the same objective.

Boltzmann died a little over one year after a young bureaucrat in Berne had single-handed produced an eventful revolution with the closely spaced publication, in the spring of 1905, of a series of seminal papers, which, besides introducing the special theory of relativity (based on Maxwell's electromagnetic theory) and presenting the quantum nature of light (related with the photoelectric effect), brought forth the atomistic basis of nature (connected with the Brownian movement). Had he lived a few years more and Boltzmann would have seen his atomistic convictions entirely vindicated; and, twenty years after his death, Schroedinger, a fellow Viennese (who had seen his expectations of beginning his initiation in theoretical physics with the great thinker go unfulfilled with his tragic disappearance), came forward with his *Wellenmechanik* (Ondulatory Mechanics), based on a (entirely novel) differential equation that decisively brought the Hamiltonian formalism to the forefront of the description of quantum phenomena. Still more impressive and far reaching was the development, during the thirties and forties, of a relativistic formulation of a quantum field theory that came as a fittingly crowning of Boltzmann's belief on the adequacy of the Lagrangian and Hamiltonian languages to picturing the most intimate aspects of the world of physical phenomena.

3. The Bitter Meeting of 1895 at Luebeck

The meeting of the German Scientific Association for the year 1895 (67. *Versammlung der Geselschaft deutscher Naturforscher und Aertze*) was held at the northern town of Luebeck. Two conferences addressing the same subject were given there, one by the acknowledged leader of physical chemistry, Wilhelm Ostwald of Leipzig, and the other by Georg Helm of the *Technische Hochschule* of Dresden. The common topic of both talks was the new theory of energetics. These seemingly promising ideas, markedly influenced by Mach's postivism, foresaw the possibility of opening up new ways of thought referring to the physical description of the world.

Ostwald presented a version of energetics most in vogue at the time, and mainly of his own making, that considered energy and not matter (the latter made up or not of atoms in movement) as the most fundamental concept in the whole of physical science:

> *Since our total knowledge of the outer world consists in its energy relations, what right have we to assume in this very outer world the existence of something of which we have had no experience? But energy, it has been urged, is only something thought of, an abstraction, while matter is a reality; exactly the reverse, I reply. Matter is a thing of thought which we have constructed for ourselves (rather imperfectly) in order to express that which is lasting in the changeableness of phenomena. Now that we begin to grasp that the actual,*

i.e., that which acts (it) upon us, is energy alone, we must inquire in what relation the two conceptions stand to one another, and the result is undoubtedly that the predicate of reality can be affirmed of energy only.[11]

Every physical theory, in order to be regarded as scientifically consistent and true, ought to be founded on the concept of energy, the only real (in an ontological sense) entity of all natural phenomena (which would involve, therefore, nothing more than mere energy transformations). This configured a grievous mistake for phenomenologists, as Ostwald liked to label himself since as they exhaustevely repeated, scientific theories could and ought only to describe reality, e.g., only what is perceveid by the senses (It was manifestly utterly impossible for phenomenologists to state what the real constituents of reality ought to be).

Ostwald chose for his conference the provocative title *"Die Ueberwindung des wissenschaftlichen Materialismus"*[12], which held as its core idea and main thesis that the mechanistic description of nature[13] ought to be completely abandoned, there being no more place or use for it altogether, either in science or in epistemology. Indeed, as the science of thermodynamics had made clear once and for all, mechanistic ideas, based on atomistic principles, had entirely ceased to be of any use; in fact, they had ceased to have any meaning whatsoever.

On the other hand, Helm - who at the time was professor of physics at the Polytechnic Institute of Dresden, and who also defended in his own conference that the mechanicist *Weltanschauung* ought to be replaced by the energetist picture of natural phenomena - had reasons enough to come out of the Luebeck meeting feeling somewhat unsatisfied. So much so in fact that on the same evening of his talk, feeling somewhat dejected, he wrote to his wife, bitterly expressing his unwillingness in accepting the rather negative reception accorded to both Ostwald's and his own proposals concerning the ideas of energetics[14]. The immediate reason for this being the heated debate that immediately ensued from his ill-favoured presentation. The main opponent present there, the "disturber", who saw to it that the obtention of a final consensus on the matter of energetics was made impossible being Boltzmann, of course. Helm was particularly unsettled by the comments made by Boltzmann immediately following his talk. Boltzmann, as Helm's words to his wife allow us to guess, was harsh and excessively emphatic in his attacks directed against the energetics programme, which he understood as a dogmatic approach to science and to the philosophical questions posed by science itself. In fact, as soon as Helm finished his lecture, Boltzmann intervened arguing to the effect that even if he could agree that it was indeed relevant to uphold interpretations of physical phenomena differing from the one founded on atomistic principles, the energetics programme besides being unrealizable, was indeed epistemologically false. According to Boltzmann, supported by the mathematician Felix Klein, both Ostwald and Helm had not understood that physical theories do not contain any definitive or fixed ontological meaning whatever; or, equivalently, that, in order to be epistemologically consistent and scientifically feasible, physical theories cannot make statements concerning the meaning of physical reality, which could be taken as valid forever. As reported by Arnold Sommerfeld, also present at the Luebek meeting, the confrotation between Boltzmann and

Ostwald (a personal friend of his) "equaled outwardly and inwardly the struggle of the bull with the supple *matador*. But, this time, the bull conquered the *matador* despite all his finesse. The arguments of Boltzmann drove through. All the young mathematicians stood on his side."[15]

4. Boltzmann's Epistemological Thinking

Throughout his argumentation in favour of atomism, which he repeated later on the pages of the *Annalen der Physik und Chemie*[16], Boltzmann's intention was to demonstrate that, in physics, atomism was bound to have more credit than energetics, because it explicitly showed that some concepts (as the concept of atom) have their origin required by the mathematical methods employed in physics, in particular, differential equations[17]. (This, of course, kept being true in the physics of the twentieth century with Einstein's differential equations of general relativity, with Schroedinger's wave equation, with Dirac's relativistic equation, and so forth.) Moreover, the atomistic ideal reinforced Boltzmann's belief on scientific theories being *Darstellungen* (representations) of Nature, reflecting but our own way of dealing with the world. Atomic ideas, successfully used by chemistry and physics alike for so long - and thus of inequivocal historical importance on their own right - were ideally suited, according to him, to proving that all scientific entities were free creations of the human mind. His commited and almost passionate defense went on stressing that science should be wary of abandoning such a fruitful idea of well established historical significance, lest dogmatism be installed in its fold. This, Boltzmann severely admonished, could undermine scientific progress forever:

> It therefore seems to me quite wrong to assert with certainty that pictures like the special mechanical theory of heat or the atomic theory of chemical processes and crystallization must vanish from science one day. One can ask only what could be more disadvantageous to science: the excessive haste implicit in the cultivation of such pictures or the excessive caution that bids us to abstain from there.[18]

In accordance with his strong belief on scientific progress, Boltzmann set up to himself the task of formulating his own epistemological thinking. He argued to the effect that the best possible way of guaranteeing the progress of natural sciences ought be to employ different representations in dealing with the same group of phenomena. Scientific theories - as in the living world, where animals and plants compete among themselves in order to adjust to their environment - ought to convey and promote the notion that only one of them should best fit a given set of phenomena.

This principle - known in the biological sciences as the principle of competition - was labeled by Boltzmann as *theoretical pluralism*, which like other scientists of the time, he learned from reading Darwin's *The Origin of Species*. Actually, so firmly Boltzmann believed in the Darwinian account of the living world that he put himself up to setting down its epistemology. (Mach also enterprised the same task, although for different purposes and with different results.)

Darwinism pointed out to philosophers, specially to the professionals inside the academia, that *a priori* principles and ideas are but fictions created by the human mind. The mental representations issued from human reason, resulting from and being shaped by the human mind, must necessarily have been kept in step with the latter's evolution throughout the ages. (Clearly, the mental processes and the reasoning patterns natural to *h. habilis* cannot be expected to closely match the ones of *h. sapiens*.)

This being the case, the free creations of human intelligence, its inventions, its fictions, could and should be constantly confronted with experience, so as to check how they agree with each other. This obligatory face to face not only allows, but moreover favours the emergence of newer representations of the natural world, increasingly better suited to fit increasingly demanding observations and measurements[19]; observations which are on one hand dictated and prescribed, and, on the other, are perceived and registered by the same intelligence.

This possibility of evolution within scientific theories signifies that the development of science cannot be predicted; open is its future; open are its ways, its processes, its results. Nature is neither bound nor limited by any Aristotelian teleological principle.

5. Conclusion

The Luebeck meeting of 1895, to which many natural scientists were attracted, with its choice of the paramount scientific issues, and of how and by whom they were presented, upheld or attacked - was an accurate mirror of the state physics found itself in at the time, with some of its deepest queries still unanswered. The main debate there focused on the historical question of the then still elusive reality of discrete atoms, a concept fiercely opposed by the advocates of a continuum description of Nature, centered on the energy concept. (Of course, it was then unthinkable to consider the possibility of the discreteness of energy postulated by Einstein ten years later, and attributed by him to Planck's seminal work of 1900.)

Accordingly, some of the most representative physicists of the German speaking world gathered there for discussing what they agreed to consider as one of the remaining major open questions of their science. And all this happened right at the moment when the unmistakable signs of the most sweeping and radical revolution ever in physical thinking were beginning to take shape: with the discovery of X-rays by Wilhelm Roentgen that same year of 1895 followed four months later by Henri Becquerel finding of radioactivity; with the announcement of the electron by J.J. Thomson two years later; utmostly with the desperate solution of the black-body radiation riddle pushing a reluctant Max Planck over the brink of classical physcis at the very end of the century.

Philosophy - or rather the critical view regularly considered as characteristic of the philosophical way of thinking - played a major part at the Luebeck debates as to which epistemological basis would best meet the requirement of physics, a prime topic in the scientific agenda of those days.

The questions at issue when scientists like Boltzmann and Ostwald argued over which was the best representation for nature - atomism or energetism - were determinant for triyng to decide which stand - discrete or continuous - science should take for the modelling of Nature. Once a consensus was reached (most importantly and decisevely by the few really influential opinion makers inside the scientific community) on how Nature should be understood - discretely, in terms of atoms, or continuously, in terms of energy flows - a well defined path would be established - at least until it was replaced by a new set of conceptual values - for pursuing an ever closer representational picture of the world of perceived phenomena. As we have seen, Boltzmann believed it to be philosophy's role to help science - particularly in the case of the opposing fields of atomism and energetism - in deciding what a valid scientific representation ought to be. And, in doing that, philosophy would in no uncertain way influence (and up to a point determine) the terms on which science is to be made.

Notwithstanding the acknowledged lack of any significant influence of philosophy on science's workday practice, its implications cannot be denied or avoided whenever what is at issue are questions of principle concerning the fundamentals of a scientific theory. Boltzmann himself forcefully emphasized the unavoidability of philosophical criticism when dealing with science at a level not merely restricted to the specific application of a given theory to particular examples. It is then that philosophy acquires for him a practical sense:

> I tend to shun such general philosophical questions, so long as they have no practical consequences, for they cannot be framed as precisely as specific questions, so that answering them is more a matter of taste. However, it seems to me as if at present atomism, for the hardly valid reason just mentioned is being neglected in practice and, therefore, I thought I should do my bit to prevent the damage that, if phenomenology were now to be raised to the status of dogma, as atomism was previously.[20]

It can be asserted that what was at issue was essentially a question of scientific style: how could science be made? What sort of tools would be available and applicable? These, as well as other questions concerning the practice of science at its most fundamental level, can only be approached from within the context of philosophical enquiry and analysis. It was Ostwald's disregard of this that almost necessarily and automatically had to put him at odds with Boltzmann at Luebeck:

> It will not perhaps be superfluous to state at the outset that I am dealing to-day exclusively with a question of natural science. I draw aside on principle from all conclusions of an ethical or religious [and we can add philosophical] nature which may be deduced from the result of this discussion. I do this not because I undervalue the significance of such conclusions, but because my arguments have been founded, independently of such considerations, on the firm ground of the exact sciences.[21]

The core of Boltzmann's central contention at Luebeck was twofold: His equally forceful vindication of atomism, on one hand, and of science's representational character, on the other. With his unyielding vindication of atomism, together with his equally unwavering defense of science's representational character, Boltzmann, at Luebeck, took up to explicitly stressing the circumstances where the affinities, similarities and relationships between science and philosophy not only cannot be either ignored or dismissed, but, on the contrary, must be drawn in no unmistakable terms to the forefront, whenever preoccupations of principle are involved.

Ostwald, on the other side, could not conceive that the elaboration of a certain scientific structure entails, from the outset, the proposition of certain epistemological principles, as well as the statement of equally arbitrary ontological creeds or convictions; and this before any meaningful information, originating in the interaction between the scientist and the world of phenomena, can be usefully incorporated into his science.

But in 1895, at Luebeck, it remained frustratingly clear that almost nothing could be decisively established: as tantalizingly close the solutions could seem to be, the time was not yet quite ripe. Forceful, compelling and even high-strung debates were held over subject matters pertaining to the very central core of physical sciences, with quite a good portion of the stress being laid on epistemological arguments, rather than on the still unavailable empirical evidence. Accordingly, the physical theories championed at the Luebeck meeting owed as much to philosophical preferences as to scientific requirements. This was certainly the case of both Boltzmann and Ostwald.

References and Notes

1. a) L. Boltzmann, *Populaere Schriften*, Leipzig, J.A. Barth, 1905; L. Boltzmann, *Vorlesungen ueber Naturfilosofi*, Heidelberg/New York, Springer-Verlag, 1990. b) P. Duhem, "Quelques réflexions au sujet des théories physiques", *Révue Générale des Sciences* **XXXI**, 139-177 (1892); P. Duhem, *La Théorie Physique: Son Objet et sa Structure*, Paris, Vrin, 1988. c) G. Helm, *Die Energetik nach ihrer Geschichtlichen Entwicklung*, Leipzig, Veit and Co., 1898; G. Helm, "Zur Energetik", *Annalen der Physik* **57**, 646-659 (1892). d) H. von Helmholtz, "Einleitung zu den Vorlesungen ueber theoretische Physik", in R. Rompe and H.J. Treder, eds. *Zur Grundlegung der Therotischen Physik*, Berlin, Akademie Verlag, 1984, pp. 11-62. e) H. Hertz, "Einleitung zur Mechanik", in R. Rompe and H.J. Treder, eds. *Zur Grundlegung der Theoretischen Physik*, Berlin, Akademie Verlag, 1984, pp. 78-124. f) E. Mach, *Die Principien der Waeelehre historisch-naturwissenschaftlichen entwickelt*, Leipzig, J.A. Barth, 1900; E. Mach, "Die Leitgedanken meiner naturwissenschaftlichen Erkentnislehre und ihre Aufnahme durch die Zeitgenossen", *Physikalische Zeitschrift* **XI**, 599-606 (1910). g) W. Ostwald, "Die Ueberwindung des wissenschaftlichen Materialismus", in *Abhandlungen und Vortraege, Allgemeines Inhaltes (1887-1903)*, Leipzig, Veit and Co., 1904, pp. 220-240; English Translation: "Emancipation from scientific materialism", *Science Progress* **IV**, 337-354 (1896); W. Ostwald, "Zur Energetik", *Annalen der Physik* **58**, 154-167 (1896). h) H. Poincaré, *La Science et l'Hypothèse*, Paris, Flammarion, 1968; H. Poincaré, *La Valeur de la Science*, Paris, Flammarion, 1909.
2. Paradigmatic, in our century, are the well documented cases of the influence of Spinoza, Hume and Mach on Einstein, and of Kirkegaard and Høffdingon on Bohr.
3. See reference (1).

4. G. Kirchhoff, *Vorlesungen ueber Mathematische Physik I: Mechanik*, Leipzig, Teubner, 1876.
5. See reference (1).
6. L. Boltzmann, "Ueber die Unentbehrlichkeit des Atomismus in den Naturwissenschaften", in *Populaere Schriften*, Leipzig, J.A. Barth, 1905, pp. 141-157. English translation: "On the indispensability of atomism in natural science", in *Theoretical Physicals and Philosophical Problems*, Dordrecht-Boston, D. Reidel, 1974, p. 42.
7. See Ludwig Boltzmann, note (1a), pp. 198-227.
8. R. Zimmermann, *Philosophische Propaedeutik*, Vienna, Wilhelm Braumueller, 1852.
9. A.D. Wilson, "Mental representation and scientific knowledge: Boltzmann's bild theory of knowledge in historical contex", *Physics* **28**, 769-795 (1991). See p. 774.
10. See reference (1).
11. See Ostwald, *Emancipatiom from Scientific Materialism*, pp. 348-349.
12. See reference (1).
13. See Ostwald, *Emancipation from Scientific Materialism*, pp. 337-338: "From mathematician to practising doctor, every scientifically thinking man, if called upon to express his opinion as to the "inner structure" of the universe would sum up his ideas in the conception that things consisted of atoms in motion, and that these atoms and their mutual forces were final realities underlying all phenomena. We read and hear, with countless repetition, the statement that the only intelligent explanation of the physical world is to be found in a "Mechanics of the Atoms"; matter and motion appear as the final principles to which natural phenomena in all their variety must be referred. This conception we may term scientific referred to materialism."
14. M. Curd, *Ludwig Boltzmann's Philosophy of Science: Theories, Pictures and Analogies*, PhD Thesis, University of Pittsburgh, 1978, p. 175.
15. W. Moore, *Schroedinger, Life and Thought*, Cambridge, Cambridge University Press, 1989, p. 38.
16. See reference (6).
17. A.A.P. Videira, *Atomisme Epistémologique et Pluralisme Théorique dans la Pensée de Boltzmann*, PhD Thesis, Equipe Rehseis, Université Paris VII, 1992, pp. 55-94.
18. See reference (6), p. 49 of the English translation.
19. For a discussion about the relations and influences between Boltzmann and Darwin see A.A.P. Videira, "Les rapports entre philosophie et science selon Boltzmann", série *Ciência e Sociedade - CBPF-CS-002/95*, Fevereiro 1995, 18 pages and references therein.
20. See reference (6), page 41 of the English translation.
21. See reference (1g), page 338 of the English translation.

Memória, Mulher e Física

Miriam Lifshitz Moreira Leite[a], Maria Amélia Mascarenhas Dantes[a] e Walkiria Fucilli Chassot[b]

[a]Faculdade de Filosofia, Letras e Ciências Humanas da USP, [b]Instituto de Física da USP

À formação científica e à sensibilidade estética, Amelia Imperio Hamburger acrescentou um empenho missionário em revelar raízes, relações e redes pessoais, que chegassem a uma compreensão menos estereotipada da Instituição em que milita. O empenho em harmonizar a carreira acadêmica e os afazeres cotidianos da mulher, mãe de cinco filhos, configurou a mestra de todos nós.

A preocupação de Amelia Imperio Hamburger com o resgate de documentação referente aos primeiros tempos da Sessão de Física, depois Departamento de Física, da antiga Faculdade de Filosofia, Ciências e Letras, que com a reforma de 1969 transformou-se no Instituto de Física da Universidade de São Paulo, e seu empenho em divulgá-la através de exposições, reflexões, simpósios e cursos, aproximou-a do Projeto Memória da Faculdade de Filosofia. É responsável direta pela preservação e divulgação de importante arquivo, com documentos originais dos primeiros anos do Departamento de Física, quando o professor Gleb Wataghin era responsável pela administração e implantação das diretrizes educacionais.

Como a professora Amelia também se interessa pelo destaque da presença de mulheres na ciência, decidimos focalizar, em sua homenagem, uma das primeiras físicas formadas pela USP, Sonja Ashauer, da turma de 1943, que contava apenas com ela e Cesar Lattes na área de física.

Durante a organização desta documentação, as cartas trocadas entre o professor Wataghin e a sua aluna e assistente Sonja Ashauer provocaram em Amelia um certo estranhamento, pois Sonja, apesar de referir-se nas cartas à convivência com os mais renomados físicos da época, não teve uma carreira conhecida. Também, provocaram admiração, pela forma desprendida como se refere ao recente lançamento da bomba atômica. E surpresa, ao ler no relatório de atividades do professor Wataghin, de setembro de 1948, a lacônica informação de sua morte.

Sonja Ashauer nasceu a 9 de abril de 1923, filha de imigrantes alemães, Herta e Walter Ashauer. Viveu na rua Barão do Triunfo, no bairro do Brooklin, onde, segundo o seu irmão Niels Ashauer, quatorze anos mais jovem, surpreendia a todos pela sua inteligência e espantava o pai por vencê-lo, desde muito cedo, no jogo de xadrez.

Ingressou na carreira universitária em junho de 1944, como primeira assistente da Cadeira de Física Teórica e Física Matemática. Em outubro do mesmo ano, em plena guerra, viaja para especializar-se no Newnham College da Universidade de Cambridge.

Ainda no Brasil, iniciou os seus estudos em Mecânica Quântica teórica. Na Inglaterra, desenvolveu pesquisas em Eletrodinâmica Quântica, sob a orientação de Paul Adrien Maurice Dirac, prêmio Nobel de 1933. Participou de eventos da maior importância para a física da época (documentos 4 e 5).

Durante esse período europeu, manteve estreita relação com Gleb Wataghin. Os depoimentos e os documentos da época mostram Wataghin, cientista e educador, com preocupação constante na formação dos seus alunos, tanto na física experimental quanto na física teórica, além de homem sensível às necessidades de seus colegas, ajudando a trazer para o Brasil muitos pesquisadores perseguidos pelos regimes totalitários em seus países de origem.

Na correspondência entre ambos, escrita quando ela se preparava para ser a primeira brasileira a obter o título de Ph. D. em Cambridge, revelam-se as características de Wataghin - o carinho, a preocupação com a formação e o interesse profissional e humano.

Ainda que sejam poucos, os documentos deste núcleo revelam a presença de uma vocação incomum de uma jovem para a física teórica, num ambiente francamente masculino. Atingem aos leitores ao tratar, em termos de trabalho científico, os fatos da conturbada época em que viveu, e chocam mais ainda pela interrupção inesperada e silenciosa da estrada percorrida, depois de distinguir-se por trabalhos que lhe valeram o Ph. D. na Universidade de Cambridge e a eleição para "fellow" da Cambridge Philosophical Society (documentos 14 e 15).

Ao mesmo tempo, despertam a curiosidade pela omissão de dados ou por questões que hoje seus leitores gostariam que revelassem. Uma mostra de como a correspondência pressupõe um universo comum entre os correspondentes, que os consulentes não alcançam diretamente ou precisam descobrir através de outras fontes. Apresentam, contudo, alguns dados sobre Sonja Ashauer, recuperam aspectos do ambiente científico do Departamento de Física e suas relações com a comunidade científica internacional.

A seguir colocamos para o leitor uma série de documentos que apresentam a trajetória de Sonja Ashauer e fazem parte dos Arquivos do Instituto de Física, da Faculdade de Filosofia, Letras e Ciências Humanas, e do Dr. Niels Ashauer.

Agradecimentos

Os autores agradecem a Caio F. Chassot (imagens).

Documento 1: Foto [1937]
(Arquivo Nils Ashauer)

GOVERNO DO ESTADO DE SÃO PAULO
DEPARTAMENTO DO SERVIÇO PÚBLICO
DIVISÃO DE SELEÇÃO E APERFEIÇOAMENTO

CERTIFICADO DE SANIDADE E CAPACIDADE FÍSICA

N.º 2208

Certifico, em virtude de exame realizado pelo Serviço Médico da Divisão de Seleção e Aperfeiçoamento do Departamento do Serviço Público, que *Sonja Ashauer*, natural de *São Paulo - Capital*, nascido em *9* de *Abril* de *1923*, filho de *Walter Ashauer* e candidato a *função de assistente da cadeira de física teórica e física matemática mensalista* do Serviço Público do Estado, tem boa saúde e capacidade física para o exercício daquela *função*.

São Paulo, *19* de *Junho* de 194*4*

Documento 2: Certificado de Sanidade e Capacidade Física, 19.06.44 (Arquivo FFCL)

Diretor da Divisão de Seleção e Aperfeiçoamento do D. S. P.

Sonja Ashauer
Assinatura do candidato

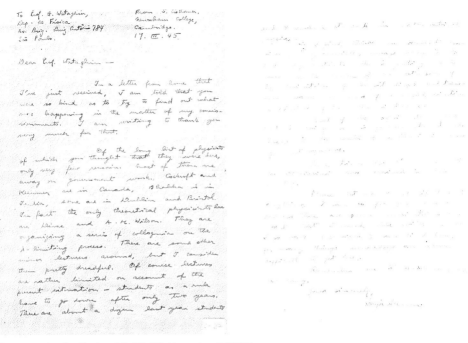

Documento 3: Carta, 17.03.45 (Arquivo IFUSP)

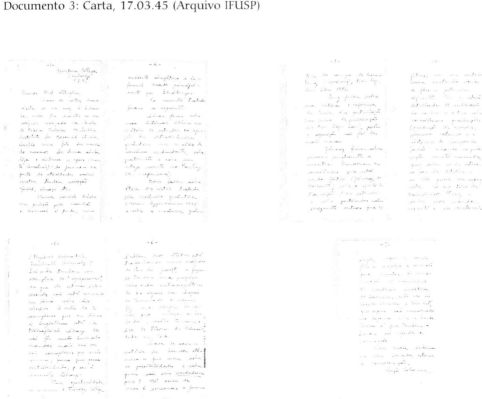

Documento 4: Carta, 09.08.45 (Arquivo IFUSP)

Documento 5: Foto, julho de 1945 (Arquivo Nils Ashauer)

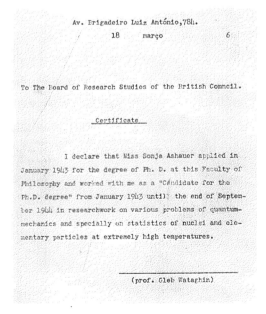

Documento 6: Certificado, 18.03.46 (Arquivo IFUSP)

[506]

ON THE SELF-ACCELERATING ELECTRON

By S. ASHAUER

Communicated by P. A. M. DIRAC

Received 19 August 1946

In Dirac's (1) classical theory of radiating electrons, the relativistic equations of motion of a point-electron in an electromagnetic field involve third-order derivatives, whereas only second-order derivatives appear in the equations of motion of ordinary mechanics. Thus there are extra arbitrary constants of integration in Dirac's theory. Extra boundary conditions picking out the physically permissible solutions from all the mathematically possible ones have been discussed in a few cases by Dirac (1) and by others (2, 3), who find that in some cases even the physical motions display unexpected features. A closer examination of the mathematical solutions which have so far been rejected as non-physical is made in the following in the simplest case, namely, when there is no external field present (self-accelerating electron) and the electron has nearly attained the velocity of light, in order to get some sort of physical picture of it.

Documento 7: Resumo de publicação, 19.07.46 (Arquivo Nils Ashauer)

S. Paulo , 10 de Fevereiro de 1947

Ex.ᵐᵒ Snr. Diretor ,

Tenho a honra de solicitar a V. Excia que se digne indicar o Snr . Paulo Leal Ferreira , Bacharel por esta Faculdade , como Assistente da Cadeira de Fisica Teorica e Fisica Matematica em substituição d₌ Senhorita Sonja Ashauer , que se acha atualmente comissionada sem vencimentos na Inglaterra , na Universidade de Cambridge.

Aproveito o ensejo para apresentar a V. Excia os protestos de minha mais elevada estima e consideração.

Gleb Wataghin

Documento 8: Declaração, 10.02.47 (Arquivo IFUSP)

Memória, Mulher e Física

March 29, 1947.

Dear Prof. Wataghin,

I hope you have by now received a reprint of Dirac's latest paper, "Developments in Quantum Electrodynamics", published by the Dublin Institute for Advanced Studies, which I sent you some time ago. I also sent a copy of the same to dr. Schönberg.

somebody else, who can't possibly be interested in the kind of work I am doing. I am not yet in a condition to proceed far without any guidance. The main problem in research is, as Prof. Dirac aptly remarked, to find a problem to work on. It is all somewhat disheartening.

We have been having a dreadful winter. First we had continuous, heavy snowfalls, and when it all

A short time ago, Prof. Dirac told me that he has again been invited to lecture in Princeton, for a whole year this time. He is leaving Cambridge sometime in the summer (referred to here, of course) I am very disappointed about this, since he has only recently returned from America. When he goes I shall have to be placed under the supervision of

thawed up, there came the floods. The Cam overstepped its banks, and Queens' College was a foot under water. No trains to and from London for a day or two. Then a heavy gale blew up and did a lot of mischief. It uprooted many trees in the backs and tore the roof of Downing College kitchen off. The latter looked like a direct bomb hit.

What is the news from the lab? I haven't heard from you for ages.

With best regards to all over there,

yours sincerely
S. Ashkenazi.

Documento 9: Carta, 29.03.47
(Arquivo IFUSP)

May 8, 1947.

Dear Sonia,

I am sorry to answer your letter with such delay. I would like to be able to help you with suggestions for a research, but it is not an easy task. I am still working on some astrophysical problems, for example, the distribution of nuclei on the Universe. Dr. Saraiva is helping me in the calculations. I guess that there is a lot of theoretical work to do with this question, for instance, analyse the influence of the excited states of nuclei. Would you like to study this question and write to me?

Today I want to tell you that you can come back here at any moment and I shall be pleased to renew your assistantship. Your exact situation is now: you are "comissionada sem vencimentos" as my assistant. In view of recent changes I appointed you as a 2nd. Assistant with "vencimentos de Cr$ 6.000,00 por mes". For this year you are substituted "interinamente" by Paulo Leal Ferreira.

If you have more chance to obtain Master degree or Ph.D. before the end of this year, or if you have a research to do, then perhaps it would be worthwhile to remain. But it is up to you to decide. Do not give excessive importance to the degree. For me it is only the research work that matters.

Many thanks for the reprints of Dirac's paper you sent to me, and good luck,

Yours sincerely

Gleb Wataghin

Miss Sonia Ashkowar
Newnham College
Cambridge, England

Documento 10: Carta, 08.05.47
(Arquivo IFUSP)

Documento 11: Carta, 26.06.47 (Arquivo IFUSP)

Reprinted without change of pagination from the
Proceedings of the Royal Society, A, volume 194, 1948

A generalization of the method of separating longitudinal and transverse waves in electrodynamics

By Sonja Ashauer, *Newnham College, Cambridge*

(*Communicated by P. A. M. Dirac, F.R.S.—Received* 16 July 1947)

A generalization of the method of separating longitudinal and transverse waves in electro-dynamics is proposed in this paper. It consists in splitting up each Fourier-component of the wave-field 4-vector with respect to two null-vectors k and l_k, where k is the Fourier vector of propagation, and l_k is an arbitrary (real) function of k satisfying $(l_k, k) = 1$ and $l_{-k} = -l_k$. This amounts to referring each Fourier-component of the field to a *different* time-axis in the usual method of splitting up. l_k may also depend on the co-ordinates of the particles of the system. The longitudinal field variables are eliminated from the Hamiltonian formulation of electrodynamics by a contact transformation; the term which then replaces the longitudinal field depends on the co-ordinates of the particles, and in general also on the transverse field variables, except when l_k is independent of the co-ordinates of the particles. The work holds both in the classical and in the quantum theory.

For the problem of an electron moving in the field of a nucleus a particular form is chosen for the l_k which depends on the initial velocities of both the particles. The new longitudinal waves are eliminated, and the classical deflexion formula is derived on the assumption that the interaction with the new transverse waves can be neglected. The new method leads to half the deflexion derived by the usual method of working only with the Coulomb interaction force (and so neglecting radiation damping in a certain way), when the nuclear recoil is neglected and the deflexion angle is small. For a low-velocity electron, the effect of the new transverse waves cannot be small, but for a very high energy electron the new method may be more suitable than the usual one.

Documento 12: Resumo de publicação, 16.07.47 (Arquivo Nils Ashauer)

São Paulo, 21 de Julho de 1947.

Cara Sonja,

Agradeço-lhe muito sua carta e confirmo pela presente que vou indica-la como minha 2ª. Assistente científica de tempo integral para o ano de 1948 com vencimentos de Cr$6.800,00 mensais.

Ficar-lhe-ia muito grato se a Senhora pudesse enviar-me o livro de Dirac, última edição. Reembolsarei logo sua despeza.

Desejando-lhe muitas felicidades e sucesso, espero vê-la dentro de poucos mêses aquí.

Gleb Wataghin

Srta. Sonja Ashower
Newhham College
Cambridge, England

Documento 13: Carta, 21.07.47 (Arquivo IFUSP)

UNIVERSITY OF CAMBRIDGE

DOCTOR OF PHILOSOPHY

The Title of the Degree of DOCTOR of PHILOSOPHY is conferred upon

Sonja Ashauer

of Newnham College

by this Diploma

Given at Cambridge the fourth day of February 1948

Documento 14: Diploma de Ph. D., 04.02.48 (Arquivo Nils Ashauer)

C. R. Raven — Vice-Chancellor

W. W. Grave — Registrary

13   Setembro   48

Senhor Diretor:

Terminando êste ano o meu contrato,tenho a honra de encaminhar por meio deste um breve relatório sôbre as minhas atividade didaticas e científicas durante o periodo de 1947 a 1948.

Aproveito o ensejo para protestar à V.Exia meus sentimentos de alta estima e a minha distinta consideração.

Atenciosas Saudações

_____
Gleb Wataghin

Ao Exmo. Snr.
Dr. Astrogildo Rodrigues de Mello
D.D.Diretor da Faculdade de Filosofia
Ciencias e Letras da Universidade de S.Paulo
N e s t a

São Paulo,14 de Setembro de 1948

ATIVIDADE DIDATICA E CIENTÍFICA DO PROF. GLEB WATAGHIN
NO PERIODO DE 1947 a 1948.

O Prof.Gleb Wataghin lecionou os cursos da Cadeira de Física Teórica e Física Matematica,para o 3ºano,de acordo com os programas aprovados pela Congregação.

Além disso,êle desenvolveu cursos especiais de Mecânica Quantica para os estudantes do 4ºano,e substituiu o Dr.Mario Shoemberg no periodo de seu impedimento.

As pesquisas do Prof.Wataghin e de seus colaboradores podem ser divididas em dois grupos: 1)Pesquisas teóricas,relacionadas com o problema da origem dos nucleos atómicos e com a teoria dos raios cósmicos.Estas pesquisas foram feitas em parte com a colaboração do Dr.Paulo Saraiva de Toledo e conduziram a uma explicação da curva de frequência dos elementos químicos de Russell-Goldschmidt. 2)Pesquisas experimentais realizadas em 1947 e 1948 referindo-se ao estudo da produção de mesons de elevada energia pela radiação primaria e pelos protons e neutrons de elevada energia.

Em Fevereiro de 1947 foram realizadas,com a colaboração da F.A.B.,oito voos em aviões a altura entre 7 e 8 Kms. para o estudo da produção de mesons em altitudes diferentes.Estes estudos continuam também hoje em Campos de Jordão.

Em 1947-48 o Prof.Wataghin,convidado para um Congresso de Física em Copenhague,realizou uma viagem de estudos autorizado pelo Governo de São Paulo.e durante esta viagem fez varias conferencias em Estocolmo,Copenhague,Zurich,Paris,Roma e Amsterdã.

O 1º assistente do Prof.Wataghin,Dr.Cesar Lattes,distinguiu-se nesses dois anos pelas descobertas,já universalmente conhecidas,sôbre os mesons.

(continuação)   - 2 -

A 2ª assistente,Sta.Sonja Ashauer,recem-falecida,distinguiu-se pelos importantes trabalhos em Física Teórica na Universidade de Cambridge que lhe valeram o titulo de Ph. D. e a eleição como "Fellow" da Cambridge Philosophical Society.

Varios trabalhos da Sta.Sonja Ashauer foram publicados nas revistas:Proc. Roy.Soc. e Proc. Camb. Ph. Soc.

Paulo Saraiva,H.Meyer,G.Schwaheim ,A.Wataghin,R.Salmerón, realizaram pesquisas diferentes orientadas pelo Prof.Wataghin.

São Paulo,14 de Setembro de 1948

Documento 16: Foto, sem data (Arquivo Nils Ashauer)

SI BEMOL

A Amélia Império Hamburguer

Era um móbile mineiro
  de pedrinhas coloridas
    através das quais o vento, cortesmente,
    laminava o ventre áspero do silêncio

Pendiam em alturas variadas
  as bordas se tocando ao tilintar

E a música soprada pelo vento
  artigo indefinido artesanal
compunha estanho código geológico
  de entranhas minerais

Grilos, sapos e pássaros calados
  cristos crucificados declamando
  claves criptografadas de água e sal
escrevem na madrugada de segunda
  esta versão canhestra
    da pedra filosofal

José Jeremias